W0274919

142075 Z.193

Zu diesem Buch

Schon die alten Griechen und Römer hielten die Natur für einen Selbstbedienungsladen: extensive Waldrodungen, Umweltzerstörungen durch Krieg und Bergbau, Tierquälereien im Rahmen von Gladiatorenkämpfen, Weinpanschereien, bleiverseuchtes Wasser in den übervölkerten, lauten und verdreckten Großstädten...

Dieser Aspekt der Kultur des Altertums wurde weithin vernachlässigt. Die antiken Textquellen aber, vom Autor für moderne Leser bestens zubereitet, sprechen eine deutliche Sprache.

Der Autor: Karl-Wilhelm Weeber, geboren 1950, ist klassischer Philologe und Historiker. Zur Zeit ist er als Lehrbeauftragter für Didaktik der alten Sprachen an der Universität Bochum tätig. Weitere Publikationen: U. a. Neuseeland (München 1987), Humor in der Antike (Mainz 1991), Die unheiligen Spiele. Das antike Olympia zwischen Legende und Wirklichkeit (München 1991).

Karl-Wilhelm Weeber

Smog über Attika

Umweltverhalten im Altertum

FB 113/17

rororo
Rowohlt

Veröffentlicht im Rowohlt Taschenbuch Verlag GmbH,
Reinbek bei Hamburg, August 1993
Copyright © 1990 by Artemis Verlag Zürich und München
Umschlaggestaltung Bernhard Kunkler
Gesamtherstellung Clausen & Bosse, Leck
Printed in Germany
1290-ISBN 3 499 19152 0

Inhalt

Vorwort

Spectant victores ruinam naturae – «siegesgewiß blicken sie auf den Zusammenbruch der Natur»: Auf diese prägnante Formel hat der römische Naturforscher Plinius die Einstellung des sich überlegen dünkenden Menschen zu der von ihm – scheinbar – bezwungenen Natur gebracht. Er bezieht sich damit vordergründig auf ein bestimmtes Explorations- und Abbauverfahren im Bergbau. Die Aussage erhebt indes schon durch ihre sprachliche Gestaltung Anspruch auf Allgemeingültigkeit. Auch der Kontext unterstreicht das: Plinius übt hier massive Kritik an der kurzsichtigen, letztlich für ihn selbst ruinösen Art des Umgangs mit der Natur, die der Mensch im Bergbau, aber auch in anderen Bereichen praktiziert.

«Was für ein Ende soll die Ausbeutung der Erde in all den künftigen Jahrhunderten noch finden? Bis wohin soll unsere Habgier noch vordringen?» fragt er an anderer Stelle im Hinblick auf eine in seinen Augen ungehemmte Nutzung der natürlichen Ressourcen. Und sein Zeitgenosse Seneca assistiert, indem er den Blick auf eine andere Umweltsünde richtet: «Wie lange noch, dann gibt es keinen See mehr, in den nicht die Giebel eurer Villen schauen! Keinen Fluß, dessen Ufer nicht eure Landsitze umkränzen! Überall, wo die Meeresküste zu einer Bucht einschwingt, werdet ihr Fundamente legen zu einem weiteren Palastbau!»

Prophetische Worte! Fragen, Mahnungen, Warnungen, denen man nicht ansieht, daß sie fast zweitausend Jahre alt sind. Im Gegenteil: Hier scheinen aktuelle Landschafts- und

Naturschutzprobleme angeschnitten zu werden, die uns heute auf den Nägeln brennen.

Und doch: So besorgt sich die – wenigen – Umweltkritiker der Antike auch geben mögen, mit unseren heutigen ökologischen Problemen sind die von ihnen diagnostizierten Fehlentwicklungen nicht im mindesten zu vergleichen. Um es ganz klar zu sagen: Was die Eingriffe des Menschen in die natürliche Umwelt angeht, so liegen Welten zwischen dem Altertum und der Moderne. Im Hinblick auf die tatsächlichen Auswirkungen ökologisch problematischer Verhaltensweisen grenzt jeder Vergleich ans Absurde; so inkommensurabel sind die Größenordnungen.

Was nicht heißt, daß die antike Zivilisation nicht auch Umweltschäden zu verantworten hätte, die z. T. bis in die Gegenwart reichen. Man denke nur an die traurige Landschafts-«Ruine» der kahlen, erosionsgeschädigten Berge Attikas, die hinter der strahlenden Zivilisationsruine der Akropolis-Tempel aufragen – offensichtlich eine frühe Form von Waldsterben durch Menschenhand, das schon Platon im frühen 4. Jh. v. Chr. registriert hat: «Ringsum ist aller fette und weiche Boden weggeschwemmt, und nur das magere Gerippe des Landes ist übriggeblieben.»

Oder die Spuren römischen Bergbaus auf der Iberischen Halbinsel: Die baumlosen, verödeten Landstriche, die das «Wühlen in den Eingeweiden der Erde» – so die antiken Bergbau-Kritiker – hinterlassen hat, sind nicht gerade Ausweis eines umweltfreundlichen oder naturnahen Umgangs mit der Landschaft.

Neben diesen langfristigen Folgen gilt es aber auch, die teilweise recht bedenklichen Auswirkungen in den Blick zu nehmen, die sich durch die, neutral formuliert, zivilisatorische Gestaltung und Modifizierung der natürlichen Umwelt für die antiken Gesellschaften selbst ergaben. Das glänzende Rom der Kaiserzeit zum Beispiel – es hatte auch seine argen

Schattenseiten, «typische» Großstadtprobleme gewissermaßen. Die meisten Bewohner litten unter Lärm und stickiger Enge, schlechter Luft und Gefahren für Gesundheit und Leben, die sich z. T. durch rücksichtslose, mißbräuchliche Nutzung der Ressourcen durch eine Massenzivilisation ergaben: Ein reiches Feld für Beobachtungen zur Wechselwirkung zwischen sozialer Situation und Umweltgefährdung. Oder auch der Umgang mit problematischen Substanzen wie Blei: Es gab durchaus Stimmen, die vor Vergiftungen und langfristigen Gesundheitsschäden warnten. Warum wurden sie überhört? Und wie gefährlich war das «römische Metall» tatsächlich?

Fragen und Problemstellungen, die an ausgewählten Beispielen in die historische Dimension der Ökologie-Problematik einführen sollen. Es kann bei dieser thematischen Akzentuierung nicht ausbleiben, daß vor allem das Bedenkliche, Problematische, Negative im Vordergrund steht und daß ein nicht ganz so strahlendes Bild von der griechisch-römischen Zivilisation entsteht, wie es das gängige Klischee vorgaukelt. Diese Einseitigkeit wird bewußt in Kauf genommen, und sie soll auch nicht im Sinne einer oberflächlichen «Ausgewogenheit» durch ständige Verweise auf das «Positive» relativiert werden. An affirmativ-unkritischen kulturgeschichtlichen Altertums-Darstellungen besteht kein Mangel. Die Antike gewissermaßen gegen den Strich zu bürsten, sie auch auf ihre weniger glänzenden Seiten hin zu befragen, heißt, sie wirklich ernst zu nehmen, sie als komplexes, auch widersprüchliches historisches Potential zu nutzen, anstatt sie auf einen hohen Sockel zu stellen, von dem herab sie im besten Falle eine sterile Erbaulichkeit verströmt, im schlechtesten ein Geschichtsbild für Quintaner produziert, in dem das «Rätselhafte», Kuriose und Fremde sich zu einer vordergründig attraktiven, tatsächlich aber unhistorischen Mischung verbinden.

Worum es nicht geht, ist miesmacherische oder gar besserwisserische Zivilisationskritik. Die Gefahr liegt indes nahe, wenn man aus der heutigen Perspektive, sozusagen mit modern geschärftem ökologischem Bewußtsein, an eine andere Kultur herangeht. Verzerrungen und falsche Gewichtungen sind da nicht auszuschließen. Gleichwohl ist die Fragestellung legitim: Weder kann Geschichtsbetrachtung von den eigenen Vorstellungen und Schwerpunktsetzungen abstrahieren, noch wäre das im Hinblick auf den beabsichtigten Erkenntnisfortschritt wünschenswert. Fairneß ist freilich insofern vonnöten, als es nicht angeht, dem Forschungsgegenstand Problemstellungen künstlich überzustülpen oder die Voraussetzungen und Möglichkeiten der untersuchten Epoche unberücksichtigt zu lassen.

Es wird daher weitgehend versucht, das Altertum gewissermaßen mit seiner eigenen historischen Elle zu messen. Konkret: Seine Einstellung(en) zum prekären Verhältnis zwischen Zivilisation und Natur, zwischen Mensch und Umwelt zu eruieren, einschlägige religiöse Postulate und ihre praktische Umsetzung im Bereich der Ökologie vergleichend zu untersuchen und die kritischen Stimmen aus der Antike selbst zu Wort kommen zu lassen. Die dabei angewandte Darstellungsmethode gibt den Äußerungen antiker Autoren breiten Raum. Der Verfasser hofft, daß die dadurch angestrebte Authentizität und Anschaulichkeit eine flüssige Lektüre des Buches erleichtern und auch und gerade den historischen Laien ansprechen.

Eine «erbauliche» Lektüre kann er indes nicht in Aussicht stellen: Dafür sind die Übereinstimmungen zwischen damals und heute in der unreflektierten Haltung gegenüber der Umweltproblematik zu groß – erschreckend groß. Der Blick auf den unmittelbaren ökonomischen Nutzen, das geflissentliche Übersehen möglicher Gefahren, die Einschätzung der natürlichen Umwelt als Selbstbedienungsladen für den Menschen, die nur auf das Heute bezogene Ausbeutungsmentalität – all das, was in die ökologische Krise unserer Zeit geführt hat und weiter führt, ist auch für das Altertum festzustellen. Ausnahmen bestätigen die Regel – wie heute auch. Was die konkreten Folgen dieser Einstellung angeht, so ist der Unterschied allerdings enorm: Das Altertum verfügte schlicht nicht über die technischen Möglichkeiten, die Umwelt so zu belasten, zu schädigen oder zu zerstören, wie es mit den Mitteln unserer Zivilisation möglich ist. Kein tröstlicher Gedanke indes, wenn nur das (Nicht-)Können die einzige wirkungsvolle Bremse für das Wollen war! Und auch kein besonders ermutigendes Fazit, daß selbst eine naturreligiös geprägte Zivilisation kaum größere Skrupel entwickelt hat, die Natur dem Willen des Menschen untertan zu machen!

Wenn gleichwohl am Schluß der Darstellung eine Art Aufruf zu neuem ökologischem Bewußtsein aus der Feder des athenischen Denkers und Staatsmannes Solon vorgestellt wird, so nicht zuletzt deshalb, um zu dokumentieren, daß das geistige Reservoir der Antike und ihr partiell verwandtes Erfahrungspotential auch und gerade heute wichtige Anregungen zum Nachdenken bereithalten. Eine Umorientierung zu dem, was man als ökologische Eunomia im solonischen Sinne bezeichnen könnte, wäre jedenfalls dringend erforderlich.

Waldsterben im Schatten der Akropolis

«Nur das magere Gerippe des Landes ist übriggeblieben.» – Platon über die Entwaldung Attikas

Wer heute die strahlenden, wenngleich von Schadstoffemissionen unübersehbar angefressenen Ruinen der Akropolistempel besucht, kommt beim Blick vom Burgberg hinab in die Ferne kaum umhin, die abweisende Kahlheit der nahe gelegenen Hügel und Bergrücken Attikas in Beziehung zu setzen zu den prachtvollen steinernen Zeugen der Hochblüte griechischer Kultur: Zu stark wirkt der Kontrast zwischen den Überresten eines zivilisatorischen Glanzes und politischen Hochgefühls einerseits, die sich in den Bauten der Akropolis ein ebenso würdiges wie repräsentatives Denkmal geschaffen haben, und der fast trostlos, ausgedorrt und den unbarmherzigen Strahlen eines gleißenden Sonnenlichts geradezu schutzlos ausgeliefert daliegenden, von nur spärlicher Vegetation überwachsenen Steinwüste der Hymettos-Abhänge andererseits. Von der Romantik der «veilchenumkränzten Stadt», wie Pindar einst die attische Metropole unter Anspielung auf die abendliche violette Farbmetamorphose des ansonsten bläulich schimmernden Hymettos-Massivs genannt hat[1], ist da wenig zu spüren; und eher drängt sich dem umweltbewußten Betrachter unserer Tage die Frage auf, ob dieser Gegensatz nicht auch auf einem Kausalnexus beruht: Gründeten sich Wohlstand, Macht und kulturelle Entfaltung des perikleischen und nachperikleischen Athens nicht auch auf eine bedenkenlose Ausbeutung der natürlichen Ressourcen? War die Abholzung der einst waldreichen Gebirgszüge

Attikas nicht auch ein Preis, den die Bewohner des Landes noch heute, rund zweieinhalb Jahrtausende später, für den zivilisatorischen Glanz des klassischen Athens zu bezahlen haben?

Eine überraschende Bestätigung für diese Vermutung scheint ein Augenzeugenbericht zu liefern, der aus der Mitte des 4. Jahrhunderts v. Chr. erhalten ist. Es ist kein Geringerer als Platon, aus dessen Feder diese früheste ökologische Schilderung stammt – geradezu ein *locus classicus* antiken Umweltbewußtseins. Im Zusammenhang mit seinem Vortrag über Alt-Athen – 9000 Jahre vor Solon – legt Platon Kritias auch Ausführungen über die Größe und Beschaffenheit des athenischen Landes in den Mund. In der Frühzeit Athens sei das Land erheblich fruchtbarer gewesen, erläutert Kritias seinen Zuhörern. Wie es dazu gekommen sei, daß es im Laufe der Jahrtausende einen Teil dieser natürlichen Üppigkeit eingebüßt habe, stellt er im folgenden dar:

«Das ganze Land erstreckt sich ja vom übrigen Festlande weg wie ein Vorgebirge weit ins Meer hinaus, und das Meeresbecken ringsum fällt nahe der Küste in große Tiefe ab. In den 9000 Jahren – so viele sind es nämlich seit jener Zeit gewesen – ereigneten sich zahlreiche gewaltige Überschwemmungen, und in dieser langen Zeit und unter diesen Ereignissen hat die Erde, die von den Höhen herabgeschwemmt wurde, nicht etwa einen mächtigen Damm gebildet, wie das an anderen Orten geschieht, sondern sie wurde jeweils ringsum getrieben und verschwand in der Tiefe. Wie man das bei den kleinen Inseln sehen kann, ist also, wenn man den heutigen Zustand mit dem damaligen vergleicht, gleichsam noch das Knochengerüst eines Leibes übrig, der von einer Krankheit verzehrt wurde: ringsum ist aller fette und weiche Boden weggeschwemmt worden, und nur das magere Gerippe des Landes ist übriggeblieben. Aber damals war dieses Land noch unversehrt, mit hohen, von Erde bedeckten Bergen, und die Ebenen, die man heute als rauh und steinig bezeichnet, hatten fetten Boden in reichem Maße, und auf den Höhen gab es weite Wälder, von denen heute noch deutliche Spuren sichtbar sind. Einige von diesen Bergen bieten jetzt einzig den Bienen noch Nahrung; es ist aber gar nicht so lange her, da waren von den großen Häusern, für deren Bedachung man dort die Bäume gefällt hatte, die Dächer noch wohlerhalten. Und auch sonst trug das Land hohe Fruchtbäume in großer Zahl, und den Herden bot es unbeschreiblich reiche Weideplätze. Und vor allem bekam es von Zeus jedes Jahr sein Wasser, und dieses ging nicht wie heute verloren, wo es aus dem kärglichen Boden ins Meer fließt, sondern weil das Land reichlich Erde hatte und das Wasser damit auftrank und es in dem lehmhaltigen Boden bewahrte, ließ es das Naß von den Höhen herab in die Talgründe fließen und bot allerorten in Brunnen und Bächen reichlich Bewässerung[2].»

Erosions-«Krankheitsbericht» aus quellenkritischer Sicht

«Gleichsam noch das Knochengerüst eines Leibes, der von einer Krankheit verzehrt wurde» – mit dieser ebenso anschaulichen wie drastischen Metapher beschreibt Platon das deprimierende Ergebnis eines Verkarstungsprozesses, dessen einzelne Stationen und Wechselwirkungen er zutreffend analysiert: Unversehrt war das Land, als noch ausgedehnte Wälder die Berge überzogen. Die Wurzeln der Bäume gaben dem Boden Halt; er war durch eine fette Ackerkrume fruchtbar, weil er die Niederschläge aufsog und das Wasser speicherte. Mit dem Abholzen der Wälder verlor der Boden den Großteil seiner Speicherkapazität. Die Bodenerosion begann; das Regenwasser stürzte ungehindert die Abhänge hinunter und riß immer mehr guten Boden mit sich. Die fette, weiche Erde wurde mitsamt dem kostbaren Naß nutzlos ins Meer geschwemmt, und die von der Erosion begünstigte höhere

Fließgeschwindigkeit des Wassers entzog auch den Talebenen einen Teil ihrer Wasserversorgung, weil es gewissermaßen keine Zeit mehr hatte, sich zu sammeln. Im Laufe der Jahrtausende wurde so die Ackerkrume immer dünner; die zunehmende Verkarstung der Bergabhänge erlaubte daher nur noch eine eingeschränkte Nutzung: Einzig die Bienen fanden dort noch genügend Nahrung, wie Platon mit deutlicher Anspielung auf den berühmten Hymettos-Honig Attikas feststellt. Verglichen mit dem ursprünglichen Zustand diagnostiziert der Umwelt-Arzt Platon eine Art Magersucht und Auszehrung des Patienten, bei dessen Anblick man in wehmütiges Schwärmen über den unversehrten natürlichen Zustand gerät, der unwiederbringlich dahin ist.

Kein Zweifel: Diese Kritias-Stelle ist ein wichtiges historisches Dokument, das uns zum einen über Umweltschäden durch Verkarstung im klassischen Griechenland informiert. Zum anderen spiegelt es Gedanken über die Wirkung menschlicher Eingriffe in einen ursprünglichen Naturzustand wider, der als unversehrt und in natürlicher Balance befindlich begriffen wird. So zutreffend indes der Ablauf und die Symptome des Verkarstungsprozesses geschildert werden, so wenig liegt Platon hier offenbar daran, daß seine Leser Lehren aus diesem Vorgange ziehen. Dazu wirkt die Schilderung dieser «Krankheit» zu sehr als fast schicksalhafter Ablauf, dessen Steuerung durch menschliches Handeln jedenfalls im Hintergrund bleibt, allenfalls angedeutet wird. Als Kritik an unbesonnenem oder gar rücksichtslosem Umgang des Menschen mit der Natur läßt sich diese Passage schwerlich interpretieren, zumal Platon im folgenden die Nutzung des Landes durch die frühen Bewohner ausgesprochen lobend hervorhebt und den attischen Boden auch für seine eigene Zeit noch als durchaus fruchtbar charakterisiert[3].

Im übrigen erlauben es Genos und Zielsetzung des Platonischen Dialogs nicht, die Kritias-Stelle vorbehaltlos als historische Quelle anzusehen. Dafür ist sie, was die Darstellung der Frühzeit Attikas angeht, zu spekulativ und mythologisch orientiert. Platon konnte allenfalls vermuten, wie Attika vor 9000 Jahren ausgesehen habe, und sich dabei auf Indizien stützen – so etwa, wenn er auf «deutliche Spuren» zurückgreifen konnte –, zuverlässige Nachrichten und Überlieferungen lagen ihm jedoch nicht vor.

Der entscheidende Informationsgehalt dieser Passage liegt daher in der Schilderung dessen, was er für seine eigene Zeit feststellt – und das sind die offenkundigen Folgen eines Vorgangs, der die Abhänge attischer Berge zu unansehnlichen, verkarsteten Flächen hat werden lassen, die sich in ihrem Erscheinungsbild vom heutigen Zustand nur wenig unterschieden haben dürften.

Waldrodung als Triumph der Zivilisation

Es spricht vieles dafür, daß der von Platon für Attika beschriebene Verkarstungsprozeß auch schon in einer Reihe anderer griechischer Landschaften vor sich gegangen war. Besonders die relativ kleinen Ägäis-Inseln waren davon betroffen. Einst von Wäldern überzogen, wandelten sich ihre Bergzüge immer mehr zu den braun-verbrannten Hängen und Höhen, wie sie auch heute die aus tiefblauem Meer aufsteigenden Eilande prägen. Primäre Ursache für die allmähliche Rodung des ursprünglichen Waldbestandes war die seit dem Neolithikum stetig ansteigende Bevölkerungszahl. Die demographische Entwicklung führte notwendigerweise zu einem größeren Bedarf an agrarischer Nutzfläche, und so fraß sich das kultivierte Acker- und Weideland im Laufe der Jahrhunderte immer weiter ins alte Waldland hinein.

«Von Tag zu Tag zwang man die Wälder mehr, sich in die Berge zurückzuziehen und unten am Fuße für bebautes Land Platz zu lassen», beschreibt Lukrez in seiner Kulturentstehungslehre diese Folge des fortschreitenden Zivilisationsprozesses ganz zutreffend, und er bewertet diesen Vorgang durchaus positiv: «So hatte man Wiesen, Seen, Bäche, Saaten und erfreuliche Weinberge auf den Hügeln und Feldern, und das graublaue Band der Ölbäume... konnte sich über Hügel, Täler und Felder breiten, so wie du jetzt mit bunter Anmut das ganze Land dazwischen geschmückt siehst, das die Menschen mit süßen Obstbäumen zieren und ringsum mit fruchtbaren Sträuchern bepflanzt besitzen[4].»

Tatsächlich wurde die Rodung von Wäldern im Altertum grundsätzlich als ein Fortschritt angesehen: Man rang der Natur gewissermaßen etwas ab – eine Einstellung, die ja gerade angesichts der eingeschränkten technischen Möglichkeiten der Antike nachvollziehbar ist. Wie selbstverständlich diese Sicht war, geht aus einer Notiz des Eratosthenes (3. Jh. v. Chr.) zum früheren Waldreichtum Zyperns hervor. Der vielseitige Gelehrte bestätigt darin, daß die Ebenen der Insel einst von dichtem Wald bedeckt waren; «Abhilfe geschaffen dagegen» hätten erst die Bergbauaktivitäten und dann Rodungen zum Gewinn von Schiffsbauholz. Um der nachwachsenden Bäume «Herr zu werden», habe zudem jeder, der ein Stück Land rodete, das Eigentumsrecht daran erworben[5].

Die Entwicklung in Italien und in den römischen Provinzen verlief ähnlich wie im griechischen Raum. Um die Agrarfläche auf Kosten des Waldbestandes zu vergrößern, scheute man mitunter auch vor der Brandrodung nicht zurück[6]. Und das aggressive Rezept Demokrits, wie man lästige, die Agrarwirtschaft behindernde Wälder mittels Wurzelvergiftung durch ein Lupinen-Schierlings-Gebräu gewissermaßen mit Stumpf und Stiel ausrotten *(exstirpare)* könne, wurde von römischen Fachschriftstellern offenbar gern weitergegeben[7].

Natürlich war es verführerisch, die anfängliche Fruchtbarkeit der Waldhumusschicht landwirtschaftlich zu nutzen. Die

Erträge auf den urbar gemachten ehemaligen Waldböden erwiesen sich zunächst als überdurchschnittlich gut, bevor sie dann allerdings rapide zurückgingen, weil «die Humusschicht, ihrer früheren Nahrungsquelle beraubt, mager wird» – so schon die Erkenntnis des römischen Agrarschriftstellers Columella, der die Theorie von einer unaufhaltsamen Erschöpfung und Vergreisung der Erde verwirft. Zwar sei die Beobachtung richtig, «unberührte Waldböden brächten nach der Rodung und ersten Bearbeitung eine verschwenderische Fülle an Früchten hervor, belohnten aber später die Mühe der Bauern nicht mehr in gleicher Weise», doch könne eine häufige, angemessene Düngung des Bodens diesen Produktivitätseinbußen Einhalt gebieten[8]. Zu vorsichtigerem Lichten des Waldes, Rodungseinschränkungen oder gar Wiederaufforstungen rät Columella allerdings nicht – eine solche Therapie bei der Krankheit Bodenverschlechterung, die er wie andere richtig diagnostizierte und in ihren Ursachen erfaßte, lag weitgehend außerhalb des Denkhorizontes des Altertums (und wäre in diesem Fall auch an der «Zielgruppe» seiner Schriftstellerei, den Landwirten, vorbeigegangen).

Wie sehr statt dessen die Umwandlung von Wald in agrarisches Nutzland als zivilisatorische Errungenschaft in der lebensnotwendigen Auseinandersetzung mit dem unzureichenden Naturzustand gefeiert wurde, zeigt die hymnusartige Aufzählung von Urbarmachungsleistungen in Nordafrika aus der Feder des Kirchenvaters Tertullian: «Früher berüchtigte Einöden haben sich in schöne Güter verwandelt, Wälder sind durch Äcker bezwungen, wilde Tiere durch zahme vertrieben; Wüsten werden besät, Felsen werden bepflanzt, Moore trockengelegt, und die Städte sind so zahlreich wie früher nicht einmal die Hütten[9].»

Aus der Sicht des Altertums ist es zweifellos verständlich, daß die Kultivierung einstigen Waldlandes als Fortschritt gerühmt wurde. Es wäre ebenso unhistorisch wie ungerecht, wollte man Rodungspraktiken der Antike im Zeitalter der katastrophalen Vernichtung der tropischen Regenwälder gleichsam mit erhobenem Zeigefinger kommentieren. Gleichwohl – die Folgen, die das Vordringen der Landwirtschaft in ursprüngliche Waldgebiete hatte, waren – und sind – im Hügel- und Bergland unübersehbar. Der Boden verliert schnell an Fruchtbarkeit, und die heißen, trockenen Sommer hemmen das Wachstum der Vegetation zusätzlich – ein Teufelskreis, der ohne intensive Gegenmaßnahmen nicht zu stoppen ist, sondern in unansehnlicher Verkarstung endet.

Holz für Athens Flotte

Neben den Tribut, den die expandierende Agrarwirtschaft forderte, traten gleichzeitig weitere Ursachen für die Zerstörung von Wäldern: Holz wurde als Brennstoff und Baumaterial gebraucht. Auch hier bestand eine Wechselwirkung mit dem Anstieg der Bevölkerungszahlen und dem zivilisatorischen Standard. Je mehr Menschen kochen und heizen mußten, je größer und repräsentativer Wohnhäuser und vor allem öffentliche Bauten wurden, um so stärker wuchs die Nachfrage nach Holz. Angesichts der Transportprobleme lag es nahe, zunächst die bei der Stadt liegenden Wälder zu nutzen und dann notwendigerweise auf die weiter entfernten Bestände zurückzugreifen. Für Athen bedeutete das: Hymettos und Aigaleos, die beiden stadtnahen Erhebungen, dürften im 7. und 6. Jh. weitgehend abgeholzt worden sein. Dagegen werden sich auf den Abhängen des Parnes und des Kithairon im 5. Jh. v. Chr. noch beachtliche Wälder erhalten haben[10].

Seit dem Beginn des 5. Jh. erreichte der Holzbedarf in Griechenland und insbesondere in Athen neue Dimensionen – nicht nur, weil die demographische Entwicklung weiter steil nach oben verlief und zunehmender Wohlstand ausgedehntere Bauaktivitäten ermöglichte. Wichtiger war vielmehr das

Hinzutreten eines neuen Nachfragesektors: Mit dem von Themistokles in den achtziger Jahren durchgesetzten gewaltigen Flottenbauprogramm begann der Aufstieg Athens zur Seemacht. Und das bedeutete: Binnen weniger Jahre mußte Holz für den Bau von nicht weniger als zweihundert Kriegsschiffen[11] beschafft werden! Die einmal begonnene Politik der maritimen Aufrüstung wurde – zumal nach dem großartigen Erfolg der griechischen Flotte bei Salamis – konsequent fortgesetzt. Athen wurde zur seebeherrschenden Macht, die ständig mehrere hundert Schiffe unterhielt[12].

Nicht nur «Materialschlachten» wie im Peloponnesischen Krieg (431–404 v. Chr.), als beide Kriegsparteien immer wieder neue Flotten binnen kürzester Zeit aus dem Boden stampfen mußten, verstärkten die Nachfrage nach neuem Schiffsbauholz. Die Kriegsflotte mußte zudem ununterbrochen erneuert werden, da die Trieren wegen ihrer starken Beanspruchung und leichten Bauweise nur eine kurze Lebensdauer hatten. «Die meisten mußten bereits nach zwanzig Jahren abgewrackt werden», schätzt Lionel Casson, der führende Forscher auf dem Gebiet der antiken Seefahrt, «viele noch früher, und wenn ein Schiff einmal fünfundzwanzig Jahre durchgestanden hatte, war es schon ein Methusalem seiner Gattung[13].»

Entsprechend groß war der Bedarf an Schiffsbauholz. Ausgeschlossen, daß Athens eigene Wald-Ressourcen dazu ausreichten, zumal die bevorzugten langen Nadelholz-Stämme in Griechenland rar waren. Auch die mit Athen verbündeten Staaten, die ägäischen Inseln und kleinasiatischen Städte, waren nicht in der Lage, genügend Materialien zu stellen. Viele von ihnen litten ja schon unter ähnlichem Holzmangel wie Athen. Die Lösung des Problems hieß daher Import. Ein großer Teil des Schiffsbauholzes wurde aus dem waldreichen Norden Griechenlands, aus Thessalien und Makedonien, eingeführt. Erste Wahl war dabei Weißtanne, die selten in

Höhen unter achthundert Metern wächst – ein erheblicher Aufwand, diese begehrten Bäume hinunter an die Küste zu transportieren und dann über Hunderte von Kilometern nach Süden zu verschiffen.

Seemächte waren zu allen Zeiten der Geschichte auf einen reibungslosen, auch in Krisenzeiten funktionierenden Nachschub an Schiffsbauholz angewiesen. Die politisch-militärische Konsequenz daraus zog Athen ebenso wie spätere seebeherrschende Staaten; man bemühte sich, über Handelskontakte, aber auch über Koloniegründungen und direkte wie indirekte Herrschaft Einflußsphären im nordgriechischen Raum zu sichern. Um an diese strategisch notwendigen Güter heranzukommen, gingen die Athener nicht besonders zimperlich vor. Schon ein Kritiker der athenischen Demokratie des 5. Jh. läßt in seinem Pamphlet gegen die ihm verhaßte Staatsform durchblicken, daß man die militärische Überlegenheit zu wirtschaftlichen Pressionen gegenüber Freund und Feind mißbrauchte. Zwar seien Städte, die Schiffsbauholz exportierten, auch auf die Nachfrage des weithin größten Importeurs angewiesen, andererseits bleibe ihnen aber auch angesichts der Seemacht Athens gar keine Wahl, als ihr Baumaterial eben dahin zu verfrachten ...[14].

Wie wichtig diese Versorgung mit Holz aus dem nordgriechischen Raum für Athen war, zeigt eine Notiz des Historikers Thukydides. Die Eroberung von Amphipolis, einer athenischen Kolonie in Thrakien, im Peloponnesischen Krieg durch den Spartaner Brasidas (424 v. Chr.) war für Athen auch deshalb höchst unerfreulich, weil «die Stadt nützlich gewesen war durch die Lieferung von Schiffsbauholz ...»[15]. Thukydides wußte, wovon er sprach: Er war damals der im Raum von Amphipolis verantwortliche Militärbefehlshaber, dem die Schuld für den Verlust der wichtigen Rohstoffbasis angelastet und mit der politischen Kaltstellung und Verbannung aus seiner Heimatstadt «heimgezahlt» wurde.

Auch im 4. Jh. blieb Athen auf Holzimporte vor allem aus Makedonien angewiesen[16]. Und der Umfang der Lieferungen dürfte gegenüber dem 5. Jh. eher noch zugenommen haben, wenn man bedenkt, daß Athen damals über drei- bis viertausend Schiffseinheiten unterschiedlichster Größe verfügte[17].

Es läßt sich im Falle Athens ebenso nachweisen wie bei anderen antiken Seemächten, den Rhodiern in hellenistischer Zeit ebenso wie bei Ägyptern und Römern, daß die Sicherung des machtpolitisch notwendigen Nachschubs an Schiffsbauholz sehr ernst genommen wurde. Als Faktor der Außenpolitik ist, wie A. Ch. Johnson in einer Studie über «Wälder und Flotten im Altertum» gezeigt hat, dieses Versorgungsproblem nicht zu unterschätzen[18]. Ein dicht gesponnenes Netz von Lieferverträgen, enger Zusammenarbeit mit wichtigen Lieferanten und Eroberungsfeldzügen zeigt eine vorausschauende Politik, die die Möglichkeiten von Krieg und Kommerz konsequent nutzte.

So umsichtig und zielstrebig freilich die Verfügbarkeit von Holzressourcen angestrebt wurde, so wenig Energie investierte man offensichtlich auf der anderen Seite in Überlegungen zu einer längerfristigen Nutzung von Wäldern: Radikale Ausbeutung des Vorhandenen hieß die Devise, nicht behutsames, schonendes Auslichten der Wälder. Von Aktivitäten zur Wiederaufforstung, von forstwirtschaftlicher Unterstützung des natürlichen Regenerationsvorgangs hören wir in den Quellen nichts. Es gab ja genügend Wälder, und wenn man hier ein Areal abgeholzt hatte, wandte man sich dort dem nächsten zu. Die ökologische Problematik solcher rücksichtslosen Eingriffe in die Natur wurde, auch wenn sich die Spuren dieses Raubbaus allmählich abzeichneten, nicht erkannt. Verwunderlich ist das indes nicht. Zu wirklichen Mangelsituationen und Versorgungsengpässen mit Holz, die Problembewußtsein hätten erzeugen, die die Menschen gewissermaßen hätten wachrütteln können, ist es im gesamten Altertum nicht gekommen – dazu waren die Waldbestände zu ausgedehnt, der Verbrauch zu gering und die technischen Möglichkeiten zu wenig entwickelt.

«Schändlich zerhauen steht der Libanon da...» – Folgen eines jahrhundertelangen Raubbaus

Freilich: Soweit es das technische Know-how und die finanziellen Möglichkeiten erlaubten, wurde die Abholzung küstennaher Wälder mit einer Rücksichtslosigkeit betrieben, die von einer Nach-uns-die-Sintflut-Mentalität nicht weit entfernt war. Diese Feststellung wird vor allem durch den Blick auf die Skrupellosigkeit provoziert, mit der hellenistische Potentaten ihre militärischen Macht- und zivilen Renommierprojekte auf Kosten prächtiger Wälder ins Werk setzten.

So scheute der makedonische General Antigonos im erbitterten Kampf um die Nachfolge Alexanders des Großen keinen Aufwand, sich im Jahre 315 v. Chr. in den Besitz einer Flotte zu bringen: «Er zog von überall her Holzfäller und Säger zusammen, außerdem Schiffsbauer, und ließ das Holz vom Libanon hinunter ans Meer schaffen. Mit dem Fällen und Sägen des Holzes waren 8000 Mann beschäftigt, und 1000 Paar Ochsen waren für den Transport des Holzes eingesetzt. Diese Bergkette», fügt der Historiker Diodor hinzu, «erstreckt sich entlang dem Gebiet von Tripolis, Byblos und Sidon, und sie ist voll von Zedern und Zypressen von besonders großer Schönheit und Größe...»[19].

Die vielgerühmten Zedern- und Zypressen-Wälder des Libanons: Antigonos war nur einer in der langen Reihe antiker «Waldfrevler», die sich an ihnen versündigt haben. Schon in vielen Jahrhunderten zuvor hatten jüdische Könige, assyrische Herrscher und persische Großkönige immer wieder große Teile der herrlichen Waldungen abholzen lassen: «Schändlich zerhauen steht der Libanon da», heißt es in der

Bibel[20], und daß im Süden des Gebirges kein brauchbares Schiffsbauholz mehr zu holen war, mußte schon Alexander der Große enttäuscht feststellen[21]. Freilich war sein «Nachfolger» Antigonos keineswegs der letzte, der den schon arg dezimierten Beständen weitere Wunden zufügte. Auch die Römer haben sich hier noch weidlich mit dem begehrten Zedern-, Zypressen- und Fichtenholz bedient. Auf den Anhöhen des Libanons ist eine Reihe von Felsinschriften aus der Zeit Hadrians gefunden worden, die staatliche von privaten Baumbeständen abgrenzen[22]. Kahle Hügel und baumlose Berge prägen heute weitgehend das Antlitz des Libanons, nur noch wenige kleine Haine künden von der einstigen Majestät der grandiosen Zedernwälder – und es spricht manches dafür, daß ein jahrtausendelanger, nahezu ungehemmter Raubbau die Landschaft schon am Ende des Altertums so hat aussehen lassen[23]. Das bittere Fazit, das August Seidensticker schon vor über einem Jahrhundert gezogen hat, als ökologische Fragen noch nicht diskutiert wurden, gilt auch heute noch:

«Wälder ‹ausschlachten› sagt man in neuerer Zeit in Deutschland. Dieses satanische Wort kannten die Alten wiederum natürlich nicht, wohl aber seinen Sinn... Wohin gingen die stattlichen Hochzedern des bewohnten Libanon?... Wir wissen es schon. Der berühmteste Wald der Welt, der Zedernwald des Libanon, ist durch Übernutzung, ohne Wiederanbau und Schutz, gründlich verwüstet worden[24].»

Kahlschläge für Luxusschiffe, Riesenfrachter und schwimmende Investitionsruinen

Eine besonders aufwendige Methode, mit dem Rohstoff Schiffsbauholz verschwenderisch umzugehen, ist weitgehend auf die Epoche des Hellenismus beschränkt: Die Rede ist von ebenso teuren wie sinnlosen Prestige-Großschiffen, die vornehmlich der Selbstdarstellung ihrer Auftraggeber dienten.

Im dritten und zweiten Jh. v. Chr. wurde eine Reihe luxuriöser Riesen- und Palastschiffe auf Kiel gelegt, bei deren Ausstattung an nichts gespart wurde. Zum Teil wurden die erlesensten Baumaterialien aus allen Himmelsrichtungen des Mittelmeerraumes herbeigeschafft. Ungetüme von zunächst fünfzehn bis sechzehn übereinander angebrachten Ruderreihen entstanden damals; später ließ Ptolemaios IV. Philopator sogar einen Vierzigruderer bauen – mit einer Besatzung von vierhundert Matrosen, viertausend Ruderern und dreitausend Soldaten. Gleichwohl war diese schwimmende Festung, für deren Bau eine große Fläche Wald kahlgeschlagen werden mußte, nur eine gewaltige Investitionsruine. Es stellte sich nämlich rasch heraus, daß das Super-Schiff kaum manövrierbar war: «Lediglich ein Schaustück», kommentiert Plutarch, «nur zum Prunk, nicht zu wirklicher Verwendung geeignet[25]!»

Im eitlen Wettkampf hellenistischer Potentaten um das größte und teuerste Schiff der Welt wollte Hieron II. von Syrakus nicht abseits stehen. Er beauftragte seine besten Ingenieure, darunter den berühmten Archimedes, ein neues Rekord-Schiff zu entwerfen. Es wurde als Mehrzweckschiff konzipiert, das sowohl als Frachter wie auch als Luxusyacht und sogar als Kriegsschiff verwendbar sein sollte. Die üppige Innenausstattung – u. a. eine umfangreiche Bibliothek, ein marmorverkleidetes Bad, pflanzenverzierte Promenaden und prunkvolle Passagierkabinen – verfehlte ihren Eindruck auf die Zeitgenossen ebensowenig wie die acht Wehrtürme, die von Seesoldaten besetzt waren. Mit einer Länge von 110 Metern und einem Frachtvolumen von rund 1700 Tonnen wurde die «Syrakusia» zum unbestritten größten Handelsschiff der Alten Welt.

Daß für dieses Schiff der Superlative auch nur ein überdimensionaler Mittelmast in Frage kam, verstand sich von selbst. Die Suche nach einem geeigneten Baum gestaltete sich indes schwierig – bis ein Schweinehirt aus dem Inneren Bruttiums, einer gebirgigen Gegend im Süden Italiens, den entscheidenden Tip gab: Unter gewaltigen Mühen wurde der Riesenstamm von den Berghöhen Bruttiums hinunter ans Meer transportiert. So erhielt die «Syrakusia» denn einen ihrer Bedeutung würdigen Hauptmast – was freilich am eher traurigen Schicksal des Prestigeschiffes auch nichts änderte: Kein Hafen war für einen derartigen Riesenfrachter angelegt, und so beendete die «Syrakusia» ihre Jungfernfahrt nach Alexandria damit, daß sie aus dem Wasser gezogen wurde und fortan als monströses «Museumsschiff» diente[26].

Roms Kriegsflotte – Grund für «Waldfrevel» in riesigem Ausmaß?

Zunächst Rivalen und schließlich «Erben» der hellenistischen Großreiche und kleineren Mächte waren die Römer. Als Seemacht etablierten sie sich in der Zeit des 1. Punischen Krieges (264–241 v. Chr.). Mit der ihnen eigenen Entschlossenheit und Konsequenz trieben die zuvor seekriegsunerfahrenen Römer den Bau einer Flotte voran, mit der sie die Karthager dann tatsächlich im Jahre 260 bei Mylai schlugen – über hundert Schiffe sollen damals in der Rekordzeit von sechzig Tagen nach Fällen des Holzes gebaut woren sein[27]. Hunderte von weiteren Einheiten kamen in den nächsten Jahren hinzu, und das kompromißlose Engagement der Römer auf dem neuen militärischen Sektor des Seekampfes erweist sich eindrucksvoll in der fast zynischen Feststellung, daß sie im Laufe des 1. Punischen Krieges nicht weniger als siebenhundert Penteren durch Sturm, Schiffbruch und Kämpfe verloren[28].

Das Bauholz für diese ersten Flotten stammte aus den Wäldern Italiens; die waldreichen Ufer des Tibers lieferten dazu ebenso ihren Beitrag wie Etrurien und Umbrien. Angesichts des mit der Expansion ihrer Herrschaft eher noch wachsenden

Bedarfs dürfte den Römern schnell bewußt geworden sein, wie wichtig ein ausreichender Nachschub an gutem Schiffsbauholz war. Tatsächlich sicherten sie sich rasch den Zugang zu wertvollen Beständen: Unmittelbar nach dem Sieg über Makedonien verfügte Rom einen Abholzungsstopp für die dortigen Wälder[29] – und das gewiß nicht aus Gründen des Landschaftsschutzes, sondern um das begehrte und geradezu strategisch wichtige Schiffsbauholz unter eigener Kontrolle und vollständig zur eigenen Nutzung zu haben.

Es versteht sich von selbst, daß die römischen Flotten in der Folgezeit auch überall dort gebaut worden sind, wo Rom herrschte und wo genügend Material zur Verfügung stand. Insofern sind die Römer sicher auch für eine weitere Entwaldung küstennaher Regionen im gesamten Mittelmeerraum verantwortlich, ohne daß allerdings jeder verkarstete Bergzug, den sich Touristen und Bildungsreisende einer weit verbreiteten Vorstellung zufolge gern als «Opfer» maritimer Herrschgelüste der «skrupellosen» Römer vorstellen, auf das Konto radikaler Abholzung schon in römischer Zeit geht. So undifferenziert läßt sich der unbestritten deplorable Zustand weiter Teile des Mittelmeerbeckens nicht erklären, wie wir noch sehen werden.

Brennholz-Verknappung in der Spätantike

Daß auch in römischer Zeit mancher Wald dem steigenden Bedarf an landwirtschaftlicher Nutzfläche weichen mußte, ist bereits erwähnt worden. Und natürlich wurde in der römischen Welt auch viel Bauholz benötigt; der relative Wohlstand der frühen Kaiserzeit ließ eine Vielzahl von aufwendigen öffentlichen Bauten entstehen, für deren Dachstühle Holz in großen Mengen gebraucht wurde.

Hinzu kam eine dem rapiden Bevölkerungswachstum entsprechende Nachfrage nach Brennholz, die freilich noch durch einen anderen Faktor kräftig angeheizt wurde. Gemeint sind die prächtigen Thermenanlagen, die besonders in der Stadt Rom immer größer und zahlreicher wurden. Im vierten Jahrhundert n. Chr. gab es dort elf große Badepaläste sowie 856 kleinere Bäder *(balnea)*[30]. Ein großartiger zivilisatorischer Standard, der einen wesentlichen Teil der Lebensqualität römischer Bürger aller Schichten ausmachte: *balnea, vina, Venus corrumpunt corpora nostra, / sed vitam faciunt b(alnea), v(ina), V(enus)*[31] («Die Bäder, die Weine, die Liebe: Sie ruinieren unsere Körper; aber sie machen das Leben aus: die Bäder, die Weine, die Liebe»), ließ ein Römer der Kaiserzeit als Ausdruck seiner Lebens-«Philosophie» auf seinen Grabstein schreiben und gewährt uns damit einen anschaulichen Einblick in die auch in anderen Quellen hervorgehobene Bedeutung des Thermenwesens für den einzelnen. Freilich: Dieser Zivilisations-Komfort kostete nicht nur viel Geld, sondern verbrauchte auch viel Energie. Für die Befeuerung der Hypokaustenheizungen benötigte man Holz und Holzkohle in großen Mengen. Diesem Bedarf an Brennmaterial dürften weite Waldgebiete Italiens zum Opfer gefallen sein.

Jedenfalls gibt es Indizien dafür, daß das Brennholz in der Spätantike knapp geworden ist. Nicht als ausgesprochene Notmaßnahme, aber doch wohl, um unpopuläre Engpässe zu vermeiden, begann man im 4. Jh. damit, Brennholz aus Afrika zu importieren[32]. Offenbar war damals ein großer Teil der leichter zugänglichen Waldungen Italiens, das noch in augusteischer Zeit als waldreich geschildert wird[33], vernichtet. Besonders gelitten haben die Wälder zu beiden Seiten des Tibers und darüber hinaus die Apenninenwälder. Auf sie bezieht sich die einzige kritische Stimme, die in puncto Abholzung aus dem Altertum zu uns dringt: Sidonius Apollinaris spricht den Apennin in seinem 458 n. Chr. verfaßten Maiorianus-Panegyricus folgendermaßen an: «Jeder Wald fällt dir ins Meer, und allzu sehr bist du auf beiden Seiten lange Zeit über abgeholzt worden, der du, reich an Schiffsbauholz, nicht weniger Baumstämme ins Meer hinunter schickst als Wassertropfen[34].»

Zweifellos ein Vorwurf gegenüber einer zu hemmungslosen Abholzungspraxis, die die Bergkämme und Abhänge ihres Waldkleides beraubt hat. Und doch eine sehr maßvolle Kritik, die keineswegs auf eine völlige Kahlheit des Apennins schließen läßt: Im selben Zusammenhang erwähnt Sidonius nämlich zwei Flotten, die offensichtlich mit Holz aus eben diesem Apenninengebiet zu seiner Zeit gebaut wurden!

Die Römer als «Wald-Killer»? – Eine Mär und ihre beunruhigende Aufklärung

Diese letzte Notiz mahnt einmal mehr zur Vorsicht, wenn es darum geht, das Ausmaß der Waldvernichtung im Altertum festzustellen. Die Römer sind gewiß nicht jene «Wald-Killer» gewesen, als die sie in der öffentlichen Meinung vielfach gelten – die Ansicht jedenfalls, die Verkarstung weiter Flächen im Mittelmeergebiet gehe im wesentlichen auf den geradezu unstillbaren Schiffsbauholz-Hunger der römischen «Imperialisten» zurück, erfreut sich großer Beliebtheit.

Eine verführerische, attraktive These, gewiß. Denn sie kann mit einem eindeutigen Sündenbock aufwarten, und zugleich vermittelt sie das befriedigende Gefühl, mit der Verbindung von – vordergründiger – Imperialismus-Kritik und Verweis auf eigene historische Kenntnisse wenigstens einmal handfeste Lehren aus der Geschichte ziehen zu können. Falsch ist diese Schuldzuweisung gleichwohl – wie die meisten monokausalen Erklärungsmuster, die das aus mehreren Ursachen gespeiste Ergebnis einer einzigen Wirkkraft zuordnen wollen. Und daß nicht nur die Römer, sondern auch andere Mächte die Waldbestände beim Bau mächtiger Flotten dezimiert und neben dem Flottenbau auch andere Gründe zum Waldsterben im Altertum erheblich beigetragen haben, ist auf den vorangehenden Seiten gezeigt worden.

Noch wichtiger ist jedoch ein anderer Aspekt: Es gibt eindeutige Belege dafür, daß die Verkarstung weiter Gebiete des Mittelmeerraumes nicht schon auf Rodungsaktivitäten des Altertums zurückgeht. Quellen aus dem Mittelalter und der frühen Neuzeit lassen zum Teil noch reiche Waldbestände in Gegenden erkennen, die heute fast baumlos sind. Diese Berichte beweisen, daß die bei weitem ausgedehntesten Vernichtungsfeldzüge gegen Wälder erst im 19. Jahrhundert begonnen worden sind. Bei näherem Hinsehen kein Wunder: Denn erst die Technisierung, insbesondere der Bau der Eisenbahn, ermöglichte es, Rodungen in abgelegenen, küstenfernen Regionen in großem Umfange durchzuführen und das Holz einigermaßen preiswert in die Verbrauchszentren zu transportieren. Die rasante Bevölkerungsentwicklung, die enorme Ausweitung der Produktion, der schwindelerregend emporschnellende Bedarf an Rohstoffen und der Einsatz erheblich effizienterer Werkzeuge – das alles fügte den Wäldern der Mittelmeerländer unvergleichlich schlimmere Wunden zu, als das Altertum ihnen geschlagen hatte[35].

Es kann daher keine Rede davon sein, daß Platons berühmter Bericht über das «Waldsterben» im Schatten der Akropolis sich auf den gesamten Mittelmeerraum übertragen ließe. Selbst für Griechenland trifft seine Beschreibung nur teilweise zu. Entwarnung also gewissermaßen, was den Beitrag der Antike zu ökologisch problematischem Umgang mit den Wald-Ressourcen angeht?

Keineswegs. Denn erstens sind die schlimmen Folgen nicht zu übersehen, die unkontrolliertes Abholzen von Berghängen im Altertum besonders in Küstennähe hervorgerufen hat. Dies ist eine ökologische Erblast, die zweitausend Jahre alt oder noch älter ist – und die irreversibel ist: Die «Sünden» einer frühen Zivilisation treffen diejenigen, die heute auf demselben Boden leben, mit voller Wucht – auf Zypern ebenso wie im Libanon, auf Elba nicht weniger als in Attika. Und zum zweiten sind es eher die glücklichen Umstände, daß die griechisch-römische Zivilisation aufgrund der Bevölkerungszahlen weder einen so unersättlichen Holz-Hunger hatte wie spätere Epochen noch über deren technologisches Know-how verfügte, die zur Begrenzung der Rodungsschäden geführt haben.

Nicht jedoch eine andere Einstellung: Die Ausbeutungs-Mentalität, die in den natürlichen Ressourcen eine Art Selbstbedienungsladen für den Menschen sieht, um den er sich nicht weiter zu kümmern hat, wenn die Regale leergeräumt sind, dominierte. Sie spiegelt sich besonders klar im Verzicht auf jegliche Wiederaufforstung und in der Unbekümmertheit, abgeholzte Flächen ihrem Schicksal zu überlassen. Man nahm sich von der Natur, was man haben wollte, ob es sich um Material für aufwendige, praktisch unsinnige Renommierobjekte wie Superschiffe handelte oder um Ackerland auf abschüssigen Rodungsgebieten, von dem man sehr genau wußte, wie trügerisch seine anfängliche Fruchtbarkeit war. Es sind diese Kurzsichtigkeit und an Undankbarkeit grenzende Rücksichtslosigkeit im Umgang mit den «Gaben» der Natur, die hier die Kontinuität zwischen der griechisch-römischen Kultur und unserer Zivilisation begründen – eine jahrtausendealte Mentalität, die zu den weniger strahlenden Seiten der abendländischen Tradition gehört.

Erst die Schwere der von Platon diagnostizierten «Krankheit», die nach seinen Worten nur noch das nackte Skelett eines einst wohlgenährten Leibes übriggelassen hat, hat in unserer Zeit zu Erkenntnissen und einem Umdenken geführt, zu denen das Altertum einfach noch nicht gezwungen war.

«...und säten wüste Wunden aus»

Umweltzerstörung durch Krieg

«Schwerter zu Pflugscharen!» – Der griechische Friedensbegriff

Der römische Dichter Lukrez, ein begeisterter Anhänger der epikureischen Lehre und Verfechter der Atom-Theorie, gehörte nicht zu den Kulturkritikern des Altertums. Während andere Denker und Schriftsteller eher dem Deszendenz-«Modell» anhingen, das von einem kontinuierlichen – moralischen – Niedergang der Menschheit seit der Urzeit ausging, vertrat er in seiner «Kulturentstehungslehre» die Auffassung, daß der menschliche Geist immer größere Fortschritte gemacht habe, der Verstand an die «Küsten des Lichts» vorgedrungen sei und «den höchsten Gipfel der Künste» erklommen habe[36].

Aber auch er als überzeugter Vertreter von Fortschrittsglauben und Rationalität konnte nicht die Augen davor verschließen, daß der Mensch dazu neigt, seinen Erfindergeist nicht nur zum Guten, sondern auch zur Destruktion zu benutzen. Diese geradezu paradoxe Ambivalenz zeigte sich ihm besonders plastisch im Gebrauch des Eisens. Kaum der Erde entrungen und einer ersten Verarbeitung unterzogen, erwies es sich einerseits als Segnung für die Menschheit: Die eiserne Pflugschar erlaubte eine viel intensivere Bearbeitung des Akkerbodens als zuvor. Aber zum gleichen Zeitpunkt erfanden die Menschen eiserne Waffen – und begannen, das gründlicher zu zerstören, was sie zuvor leichter und lukrativer angelegt hatten: «Mit Erz behandelten sie den Boden der Erde, mit (demselben) Erz mischten sie die Fluten des Krieges und säten sie wüste Wunden aus...»[37]

Krieg – damit verband sich für den antiken Menschen wie selbstverständlich die Vorstellung von verwüsteten Äckern, vernichteten Ernten und abgeholzten Fruchtbäumen. Krieg – das war die Negierung der zivilisatorischen Errungenschaften wie der Landschaftsgestaltung durch Menschenhand in Feldern und Weiden, Olivenhainen und Weinbergen. Wie sehr Mars der natürliche Feind von Ceres, Bacchus und den anderen fast zahllosen hohen und niederen Gottheiten von Ackerbau und Viehzucht war, geht sehr anschaulich aus Tibulls berühmtem Friedens-(und zugleich Antikriegs-)Gedicht I 10 hervor:

«Frieden fördre indes die Felder. Der strahlende Friede
war's, der zum Pflügen den Stier zwang ins gebogene Joch.
Friede nur nährte die Reben und barg dann den Saft aus der Traube,
daß auch des Vaters Krug Wein noch geliefert dem Sohn;
Hacke und Pflugschar erglänzt im Frieden – das traurige Werkzeug
harter Krieger jedoch deckt dann im Dunkeln der Rost ...[38]»

Man glaubt fast den modernen Friedens-Slogan «Schwerter zu Pflugscharen» aus dem Appell Tibulls herauszuhören, und in der Tat erweist sich nicht nur bei ihm Friedenssehnsucht als konkret vorgestellter Wunsch, die reichen Gaben ungestörter landwirtschaftlicher Betätigung genießen zu können.

Der Friedensbegriff Tibulls speist sich stark aus der traditionellen Eirene-Vorstellung der Griechen. Schon in der homerischen Dichtung werden Eirene und Ploutos, Frieden und Wohlstand, in enge Beziehung zueinander gesetzt[39]. Auf dem Marktplatz Athens stand, wie der Reiseschriftsteller Pausanias berichtet, eine Friedens-Statue, die den Ploutos-Knaben trug[40], und ebenso gehörte das agrarischen Reichtum signalisierende Füllhorn zu den charakteristischen Attributen der Eirene. Ähnlich konkret hat Aristophanes das segensreiche Wirken der Friedensgöttin vor Augen: In seiner 421 v. Chr., nach dem (vorläufigen) Ende eines zehnjährigen erbitterten Kriegsringens aufgeführten Komödie «Der Friede» läßt der Dichter Eirene in Begleitung von Opora, der Ernte-Göttin, und Theoria, der Göttin des Festes, auftreten – und es ist bezeichnenderweise der Weinbauer Trygaios, der die drei Gottheiten aus der dunklen Höhle ans Tageslicht zurückführt, das sie fast ein Jahrzehnt lang vermissen mußten. Unter ihrem Schutze kann die durch den Krieg am Boden liegende Landwirtschaft wieder gedeihen – wie in den guten Jahren vor Ausbruch des gewaltigen Bruderkrieges:

«Männer, denkt der alten Zeiten,
wie wir unter ihrem Schutze
ein behaglich Leben führten!
Denkt der eingemachten Früchte
und der Feigen und der Myrrhen
und des zuckersüßen Mostes
und der Veilchen an dem Brunnen
und der schattigen Oliven,
die wir lieben,
und für diese Güter saget
nun der Göttin Preis und Dank[41].»

Schließlich ein weiteres Komiker-Zitat: Unter den vielen Gaben, die der Frieden bereithält, führt der Dichter auch «Wohlstand, Gesundheit, Getreide, Wein und Freude» an[42]. Fülle der Natur und Harmonie zwischen Mensch und Natur – das sind die wichtigsten Merkmale der ebenso anschaulichen wie gefühlsintensiven Friedensvorstellung der Griechen.

Sie fand in Rom erst spät Einlaß: Es bedurfte erst der jahrzehntelangen Wirren und Bürgerkriege, in denen große Teile Italiens furchtbar verwüstet wurden, bevor Eirene in augusteischer Zeit gewissermaßen ins Pantheon der römischen Religion aufgenommen wurde. Ein Teil der Reliefs der *Ara Pacis Augustae*, insbesondere die berühmte Tellus-Darstellung, in der die Fruchtbarkeit und Fülle Italiens in der nun angebrochenen Ära des augusteischen Friedens propagiert werden, nehmen den griechischen Friedensbegriff auf und bilden ihn gleichsam anschaulich ab – im Zusammenspiel freilich mit dem traditionellen römischen Pax-Verständnis, das sich in der Gestalt einer waffenbewehrten, siegreichen Roma manifestiert[43].

Naturvernichtung als Ausfluß antiken Kriegs-«Rechts»

Die in der heiteren Eirene-Gestalt sich konkretisierenden Wunschvorstellungen sind um so verständlicher, als sich die Realität des Alltags oft genug ganz anders darstellte: Als Schrecken des Krieges, der zwar nicht der Normalzustand war, aber doch auch in Friedenszeiten wie ein ständiges Damoklesschwert über den Menschen hing und ihnen Tod und Versklavung, aber auch Zerstörung ihres Besitzes und Verwüstung ihrer Ländereien androhte. «Sie rauben und plündern», beschreibt ein antiker Religionsphilosoph die Greuel des Krieges, «versklaven, erbeuten, zerstören, schänden, mißhandeln, vernichten, entehren, morden hinterrücks oder, wenn sie stark genug sind, offen[44].»

Einige dieser Verben beziehen sich auf Gewalt gegen Menschen, andere dagegen auf Sachen und Besitztümer der Feinde, wieder andere thematisieren die Aggression gegenüber Landschaft und Umwelt. Kein Zweifel: Die Kriegserklärung an den menschlichen Gegner schloß auch die Kriegserklärung an die Natur ein, soweit sie in Verbindung mit dem feindlichen Territorium stand. Die Verwüstung von Äckern, das Niedertrampeln und Verbrennen der fast reifen Getreidefelder, das Abhacken von Frucht-, insbesondere den nach Jahren erst wieder tragenden Olivenbäumen, die mutwillige Zerstörung von Weinbergen – das alles gehörte seit jeher zu den Praktiken, mit denen man den Feind zu schädigen und nach Möglichkeit in die Knie zu zwingen bemüht war. Plünderungen und Verheerungen mit mehr oder weniger langer Folgewirkung wurden als Ausfluß eines Kriegs-«Rechts» angesehen, das von Griechen und Römern gleichermaßen akzeptiert wurde.

Die Verwüstung des Landes galt so selbstverständlich als taktisches oder strategisches Mittel der Kriegführung, daß sie geradezu als Synonym für «Krieg» verwendet wurde. Daß man das feindliche «Land zu einer Schafweide machen» werde, war eine übliche Kriegsdrohung[45]; die Ebene von Krisa, zwischen Delphi und dem Korinthischen Golf gelegen, sei tatsächlich durch den 1. Heiligen Krieg Ende des 6. Jh. v. Chr. zu einer solchen gemacht worden, stellt Isokrates fest[46]. Wenn Verträge über die Verpachtung von Land häufig Klauseln enthielten, in denen Bestimmungen für den Fall feindlicher Verwüstungsattacken standen, so zeigt das ebenfalls, wie sehr wir es dabei mit dem Normalfall griechischer Kriegführung zu tun haben[47]. So war es in griechischen Augen ganz ungewöhnlich, wenn ein anderes Volk dieses Kriegs-«Recht» nicht kannte: Erstaunt stellten griechische Historiker fest, daß die Bauern bei den Indern unverletzlich seien und «die Inder weder die Ländereien ihrer Feinde niederbrennen noch ihre Obstbäume abhacken»[48].

Natürlich gab es große Unterschiede in der Art und Weise, das Vernichtungswerk an der Natur ins strategische Kalkül einzubeziehen. Gleichsam sadistische Exzesse, bei denen es nicht nur um die Effizienz der Zerstörung ging, sondern Generäle und Soldaten auch noch Gefallen daran fanden, waren selten. Aber sie kamen vor. So kaprizierte sich der spartanische König Kleomenes III. im Krieg gegen den traditionellen Feind Argos in den zwanziger Jahren des 3. Jh. v. Chr. darauf, eine möglichst «motivierende» Form der Naturvernichtung zu ersinnen: «Bei Tagesanbruch erschien er bei der Stadt Argos», berichtet Plutarch, «und verwüstete dort das flache Land. Dabei ließ er das Getreide nicht, wie es sonst üblich ist, mit Sicheln und Messern abmähen, sondern mit großen, in die Form breiter Schwerter gebrachten Holzkeulen zerschlagen, so daß die Soldaten mit diesen Werkzeugen wie zum Spaß während des Marsches ohne alle Mühe die ganze Frucht zerknickten und vernichteten» – eine «Heldentat», die Plutarch ungerührt zusammen mit anderen militärischen Leistungen des Kleomenes als Ausdruck «einer nicht gewöhnlichen Fähigkeit und geistigen Kraft» einstuft[49].

Rücksicht und Schonung: Kategorien der Kriegstaktik

Freilich war dieses Berserkertum doch eher die Ausnahme – wie es umgekehrt die Ausnahme war, *nicht* die Verwüstung all dessen beim Gegner anzustreben, für dessen Gedeihen und Ertragreichtum man im eigenen Lande nicht müde wurde, eine ganze Phalanx von Naturgottheiten anzurufen. Zwar wurden vereinzelt Stimmen laut, die vor diesen Kriegspraktiken warnten; aber nicht etwa, weil Pietät, Ehrfurcht vor der Natur oder Furcht vor Bestrafung durch die herausgeforderten Götter dabei eine Rolle gespielt hätten. Es waren vielmehr ganz nüchtern-pragmatische oder kriegstaktische Erwägungen, die hinter solchen Mahnungen standen.

Polybios, der große Historiker des Hellenismus, sagt das ganz offen: «Ich kann die Einstellung derer nicht gutheißen, die sich im Zorn gegen Stammesverwandte (!) dazu hinreißen lassen, ihren Feinden nicht nur die Ernte des Jahres zu rauben, sondern auch die Bäume und die Gehöfte mit allem Zubehör zu vernichten, und ihnen damit keinen Raum zum Einlenken, zur Reue übriglassen. Wer so handelt, befindet sich meines Erachtens in einem schweren Irrtum. In dem Maße, in dem sie durch Verwüstung des Landes, durch die Zerstörung der Existenzgrundlagen nicht nur für den Augenblick, sondern auch für die Zukunft ihre Feinde unter Terror setzen (...), in demselben Maße reizen sie die Menschen aufs äußerste, und während sich jene bisher nur an ihnen vergangen hatten, haben sie sich nun ihren unversöhnlichen Haß zugezogen.[50]»

Ähnliche Motive hatte der im 4. Jahrhundert v. Chr. lebende General Timotheos, der seine Truppen an Verwüstungen des gegnerischen Landes hinderte: Im Falle eines Sieges hätten sie unnötigerweise nur das vernichtet, was ihnen dann selbst gehöre. Sollte sich der Krieg indes hinziehen, so wäre es töricht, die eigenen Verpflegungs- und Nachschubmöglichkeiten zu zerstören; und schließlich spekulierte Timotheos darauf, bei einem Teil der feindlichen Bevölkerung Sympathien zu gewinnen[51].

Manchmal trat die Überlegung hinzu, daß Plünderungen und ausgedehnte Verwüstungen nicht nur die Disziplin der eigenen Truppe schwächen, sondern auch Gefahren durch die Zersplitterung der Kräfte heraufbeschwören könnten. Im ganzen verhinderten allerdings derlei taktische Überlegungen nicht, daß man vom «Recht» der Verwüstung reichlich Gebrauch machte. Beredtes Zeugnis für diese Normalität ist auch, daß Frontin, der Verfasser eines Buches über «Kriegslisten» aus dem 1. Jahrhundert v. Chr., als ausdrückliches Exempel für «Mäßigung» zu erzählen weiß, daß im Jahre 195 v. Chr. ein obstreicher Baum auf dem Gelände eines Lagers beim Abzug der Armee des M. Scaurus nicht nur stehengeblieben sei, sondern auch noch seine Früchte getragen habe[52]. Fürwahr ein Zeichen «bemerkenswerter Mäßigung» *(notabilis continentia)!*[53], ist man versucht zu kommentieren.

Taktische Finessen hin, politische Erwägungen her – von *einer* Motivation, sich nicht an Feldfrüchten, Bäumen, manchmal sogar Flußläufen[54] zu vergreifen, hören wir aus dem griechisch-römischen Altertum nichts: Daß man irgendwelche Skrupel gehabt hätte, die sonst so verehrte und religiös geradezu umhegte Mutter Erde zu verletzen, sie zu schänden und das ihr entsprießende, nährende Grün bedenkenlos abzutöten. Das Gegenteil – eine blauäugig-naive Alternative angesichts des Ausnahmezustandes Krieg? Vielleicht, wenn man sich – durchaus in der geistigen Tradition der Antike – daran gewöhnt hat, die mit Krieg gewissermaßen per definitionem verbundene Perversion des Normalen zu akzeptieren. Und doch scheint es, gerade auch wenn man die dem Altertum ja bekannte indische «Variante» bedenkt, nicht völlig abwegig, einer der Natur doch noch deutlich näher stehenden Zivilisation zuzutrauen, auf die Kampfansage eben auch gegen diese Natur zu verzichten. Wie sich Theorie und Praxis der antiken Kriegführung darstellen, ist indes eher damit zu rechnen, daß man, wäre das Teufelszeug damals schon erfunden gewesen, auch vor dem Einsatz von Herbiziden und Entlaubungsmitteln nicht zurückgeschreckt wäre. Galt es doch sogar als später viel bewunderte Kriegslist, daß die Athener während eines mehrtägigen hohen Festes zu Ehren ihrer Stadtgöttin nach rascher Erledigung der kultischen Formalitäten nichts Besseres zu tun hatten, als in Gewaltmärschen auf spartanisches Gebiet zu eilen und «zu einem Zeitpunkt, da man sie am wenigsten befürchtete, die Äcker der Feinde zu verheeren»[55].

Begrenzung der Umweltschäden – dank Begrenzung der Kriegsziele

Welche tatsächlichen Folgen die Verheerung des feindlichen Landes hatte, ist im einzelnen kaum zu ermitteln. In den kriegerischen Auseinandersetzungen zwischen griechischen Poleis ging es selten darum, die Kontrahentin bis zur völligen Zerstörung auszuschalten. Kriegsziel war daher in der Regel nicht die Vernichtung der staatlichen Existenz des Gegners. Vielmehr strebte man an, ihn niederzuringen, um bestimmte eigene Ansprüche – sei es in territorialer Hinsicht, sei es auf ökonomischem oder politischem Gebiet – durchsetzen zu könnnen. Die Methode der gewaltsamen Konfliktlösung war deshalb vielfach das Aufeinandertreffen zweier Hoplitenphalangen, dessen Ausgang die Entscheidung über Sieg und Niederlage bedeutete. Man hat diese Form der Auseinandersetzung gelegentlich mit dem Wettstreit zweier Mannschaften im Sport verglichen – ein in seiner Verharmlosung problematischer Vergleich, der indes im Hinblick auf die Methode und das Ende der «Entscheidungsfindung» nicht ganz unpassend ist.

Besonders umkämpft waren bei dieser Strategie, in der möglichst ein einziger, relativ kurzer Kriegszug den Ausschlag über Sieg oder Niederlage geben sollte, die agrarisch genutzten Ebenen des angegriffenen Territoriums. Nur sie kamen militärtechnisch als Austragungsorte von Schlachten in Frage. Das angreifende Heer war bemüht, die landwirtschaftlichen Ressourcen des Gegners durch Verwüstung vor allem der noch nicht ausgereiften Getreidefelder zu mindern, um die Feinde spätestens durch Versorgungsengpässe in die Knie zu zwingen. Umgekehrt kam es für die Verteidiger darauf an, die Invasoren möglichst frühzeitig zu stellen, eine Schlacht «anzubieten» und auf diese Weise unnötigen wirtschaftlichen Schaden abzuwenden. Nur wenige griechische Städte verfügten über genügend Agrarland oder finanzielle Reserven, die einen umfangreichen Import von Lebensmitteln ermöglicht hätten, um hohe, kriegsbedingte Verluste der Agrarproduktion auch nur über zwei Jahre lang durchzustehen[56]. Das begünstigte kurze Kampfhandlungen, in denen eine rasche Entscheidung fiel. Damit dürfte sich der von den Gegnern angerichtete Schaden im allgemeinen in überschaubaren Grenzen gehalten und meist nur kurzfristige und lokal begrenzte Folgen gezeitigt haben.

«... und holzten weite Strecken gründlich ab» – Die Schrecken des Peloponnesischen Krieges

Einen Bruch mit dieser Tradition bedeutete der Peloponnesische Krieg, der 431 v. Chr. zwischen Athen und Sparta sowie ihren jeweiligen Verbündeten ausbrach. Die athenische Führung setzte hier auf eine Ermattungsstrategie, indem sie einer Entscheidungsschlacht zu Lande auswich, das Land während der feindlichen Einfälle räumen und die Bewohner in die Stadt evakuieren ließ. Ohnmächtig mußten die im Schutze der Langen Mauern sicheren Bauern zusehen, wie ihre Häuser in Flammen aufgingen und ihre Felder verwüstet wurden. Umgekehrt führte die athenische Flotte auf spartanischem Gebiet überraschende Landungsaktionen und Raids durch, die Terror verursachten und zugleich durch die Verheerung der Küstenstriche auf die Zermürbung des Feindes abzielten.

Viel gefährdeter gegenüber dieser Nadelstich-Taktik war indes Attika, das den einmarschierenden Peloponnesiern kaum Widerstand entgegensetzte. Tatsächlich schonten die Spartaner das attische Land nicht. Im Gegenteil: «Sie verweilten, das Land verwüstend, längere Zeit», stellt Thukydides zum ersten spartanischen Einfall 431 fest, und auch bei der zweiten Invasion «verwüsteten sie die Ebene»[57] an der Westküste. Insgesamt setzten die Spartaner ihr Zerstörungswerk in fünf «Kampagnen» fort. Was sie im fünften Kriegsjahr bereits erreicht hatten und mit welch konsequenter Brutalität sie der Erde weitere Wunden schlugen, stellt Thukydides so dar:

«Sie verwüsteten von Attika die früher kahl geschlagenen Teile, wenn etwas nachgesproßt war, und was bei früheren Einfällen verschont geblieben war (...). Denn in ständiger Erwartung einer Nachricht aus Lesbos... holzten die Peloponnesier weiteste Strecken gründlich ab[58].»

Die Schilderung läßt erahnen, welch öden und deprimierenden Anblick das Land geboten haben muß, nachdem die Spartaner es gewissermaßen als Repressalie gegen den menschlichen Feind, der sich in Deckung hielt, benutzt hatten. Dort, wo sie durchzogen und lagerten, leisteten sie gewiß ganze Zerstörungsarbeit. Versucht man indes einen Überblick über das Ausmaß der in Attika angerichteten Verwüstungen zu bekommen, so darf man wichtige Einschränkungen nicht übersehen. Während ihrer fünf Invasionen im Laufe des elf Jahre dauernden Archidamischen Krieges waren die Truppen der Peloponnesier insgesamt nicht länger als 150 Tage im Lande. Wenn sie sich in dieser Zeit auch auf die fruchtbaren Ebenen konzentrierten und sie zum Teil nacheinander heimsuchten, so reichte die Zeit bei weitem nicht aus, ganz Attika mit Feuer, Axt und Schwert zu einer Einöde zu machen.

Die gleiche Feststellung trifft auch auf den Umfang der Zerstörungen zu, die die Spartaner in der zweiten Phase des großen Krieges anrichteten, als sie Dekeleia erobert hatten und von diesem befestigten Stützpunkt aus das ganze Jahr über einen Teil von Attika kontrollierten. Die in dieser Zeit von ihnen verursachten Schäden waren ohne Zweifel beträchtlich und zwangen Athen zu erheblich höheren Lebensmittel-Importen[59], und nach Kriegsende wird es in manchen Landesteilen so ausgesehen haben, wie Lysias es beschreibt: «Die Olivenbäume zum größten Teil abgeschlagen und die Erde kahl[60].»

Das Können als Beschränkung des Wollens: Ein bitteres Fazit

Gleichwohl mahnt eine sorgfältige Sichtung aller verfügbaren Quellen zur Vorsicht, wenn es um eine realistische Schätzung des im Peloponnesischen Krieg verursachten Gesamtschadens für Landschaft und Landwirtschaft geht. In einer detaillierten Studie hat V. D. Hanson vor einigen Jahren den Nachweis führen können, daß die traditionelle Ansicht, Attika habe nach den drei Jahrzehnten Krieg agrarisch völlig darniedergelegen, einer Revision bedarf. Eine wirkliche agrarische Krise, so sein Fazit, habe es nach 404 nicht gegeben, von einem völligen Ruin des Landes könne keine Rede sein[61] – wenngleich natürlich auch Hanson die schweren Wunden, die der Krieg der attischen Erde und ihrer Vegetation geschlagen hatte, nicht leugnet.

«Agrarische Verwüstung brauchte im klassischen Hellas, um wirkungsvoll zu sein, Zeit und intensive Anstrengungen, und deshalb wurde sie nicht immer erreicht», faßt Hanson die Ergebnisse seiner Untersuchung zusammen[62]. Man kann dieses Fazit bitterer, schroffer, zynischer ziehen: Der gute Wille, die Natur zu verstümmeln und zu zerstören, war stets da, allein es mangelte häufig an geeignetem Werkzeug, an den technischen Möglichkeiten und Voraussetzungen für großflächige Verwüstungen und an der dafür notwendigen Zeit. Ökologische Einsichten im weiteren Sinne – und das heißt für das Altertum wohl im wesentlichen religiös fundierte Skrupel gegenüber destruktiven Eingriffen in eine zu respektierende oder sogar zu verehrende Natur – spielten da keine Rolle; im Widerstreit zwischen Ares und Demeter behielt der Kriegsgott allemal die Oberhand; die Menschen hatten die ihnen vom «gewalttätigen Lehrer»[63] beigebrachte Lektion gut gelernt.

Strategie der verbrannten Erde – Die Antwort eines «Erzverwüsters» auf die Hannibalische Herausforderung

Nicht anders stellt sich im römischen Bereich die Beziehung zwischen Mars und Ceres dar. Das Niedertrampeln der Getreidefelder des Feindes, das Abhacken seiner Fruchtbäume, das Requirieren oder Vernichten seiner Viehbestände und das Abbrennen seiner Gehöfte gehörten seit den frühesten Zeiten zu den Kriegspraktiken, die auch die Römer und ihre italischen Nachbarn ganz selbstverständlich anwendeten. Es gab keinerlei Schuldbewußtsein oder religiöse Skrupel – vorausgesetzt natürlich, es handelte sich um ein *bellum iustum*. Aber da waren die Römer schon auf der Hut, daß sie nur «gerechte Kriege» führten – nach ihren Maßstäben und Normen jedenfalls[64].

Die nachhaltigsten und ökologisch verheerendsten kriegsbedingten Eingriffe in eine seit Jahrtausenden gewachsene natürliche und seit Jahrhunderten agrarisch kultivierte Flora fanden freilich in der römischen Geschichte dort statt, wo man sie zumindest auf den ersten Blick nicht erwartet hätte: In Italien selbst. Genauer gesagt: Im Süden der Apenninenhalbinsel sowie auf Sizilien, das zwar im Altertum nicht als Teil Italiens angesehen wurde, das gleichwohl unter den Folgen desselben Krieges furchtbar zu leiden hatte, der zu einer beispiellosen Verwüstung weiter Gebiete geführt hatte. Gemeint ist der 2. Punische Krieg, den Hannibal mit seinem überraschenden Alpenübergang mitten ins Land des Gegners getragen hatte. Jahrelang tobte der Krieg vor allem im südöstlichen Teil Italiens. Heer auf Heer zog plündernd und brandschatzend durch die einst blühenden Lande, die zunehmend verödeten. *populari, depopulari, populatio, vastatio, (per-) vastare, devastare, exurere, incendere* sind Wörter, die die einschlägigen Bücher des Livius mit geradezu leitmotivischer Penetranz durchziehen – alles Begriffe, die Verwüstung und Zerstörung ausdrücken.

Verschärft wurde die Situation nicht nur dadurch, daß beide Seiten in den besonders umkämpften Regionen nach der Devise verfuhren «Der Krieg nährt den Krieg». Auf römischer Seite griff der Oberkommandierende Fabius Maximus Cunctator («der Zauderer») zudem zu einem Mittel, das in der antiken Kriegführung wegen seiner Zweischneidigkeit und Radikalität nur selten angewandt wurde: der Strategie der verbrannten Erde. Im Bestreben, Hannibal gewissermaßen ins Leere laufen zu lassen, indem er die Proviantierung seiner Truppen erschwerte, befahl Fabius Maximus zeitweise eine «vorsorgliche» Verheerung der für Hannibal in Frage kommenden Nachschubbasen. Im Jahre 217 habe er, berichtet

Livius, ein Edikt erlassen, demzufolge die Bevölkerung unbefestigter Orte in den Schutz größerer Städte evakuiert werden sollte. «Zuvor jedoch sollten sie ihre Häuser anzünden und die Feldfrüchte vernichten, damit nicht der geringste Vorrat bleibe[65].» Zwei Jahre später ordnete er an, alle Landbewohner hätten ihr Getreide bis zum 1. Juni in die befestigten Städte zu schaffen. Wer diesem Befehl nicht Folge leiste, dem drohte er die Zerstörung seiner Felder, die Versteigerung seiner Sklaven und die Vernichtung seines Hauses durch Feuer an[66].

Eine rücksichtslose, geradezu terroristisch anmutende Kriegserklärung an das eigene Land, die ihrem Urheber den wenig schmeichelhaften Titel eines «arch-devastator» («Erz-Verwüsters») aus der Feder des renommierten englischen Universalhistorikers Arnold J. Toynbee eingetragen hat[67]. Mag sein, daß der Gelehrte dem römischen Feldherrn damit zumindest teilweise Unrecht getan hat, wenn er davon ausgeht, daß der «Zauderer» diese Strategie durchgängig verfolgt habe. Mag auch sein, daß man Livius' Bericht eine gewisse Skepsis entgegenbringen muß – so ist der 1. Juni sicherlich ein unwahrscheinliches Datum, da das Getreide dann in der Regel noch nicht reif ist[68]. Gleichwohl ist nicht zweifelhaft, daß gerade auch die Verworrenheit der Situation – vor allem der Übertritt bisheriger römischer Bündner zu Hannibal – und der ungeheure Existenzdruck, unter dem Rom im 2. Punischen Krieg stand, die Hemmschwelle weiter herabgesetzt und zur Anwendung von Kriegspraktiken geführt haben, die der davon betroffenen Bevölkerung als geradezu zynische Perversionen erscheinen mußten.

Ökologische Auswirkungen des Zweiten Punischen Krieges

Es ist hier nicht der Ort, auf die Greuel einzugehen, die dieser wie auch die anderen erwähnten Kriege für die Menschen, die

Soldaten wie die Zivilbevölkerung, mit sich brachten. Die Opfer an Toten, Verwundeten und Versklavten waren gewaltig, und die Tatsache, daß hier vor allem die «Verbrechen» gegenüber der Natur behandelt werden, sei nicht als inhumane Akzentverschiebung mißverstanden. Daß die Auswirkungen des Krieges auf Landschaft und Natur im Vordergrund stehen, entspricht der Thematik dieses Buches, nicht einer wertenden Rangfolge.

Die durch den Zweiten Punischen Krieg entstandenen Umweltschäden lassen sich aufgrund der in dieser Hinsicht zu allgemeinen Aussagen der Quellen nicht genau feststellen und beschreiben. Sicher ist, daß Süditalien Jahrzehnte, wenn nicht Jahrhunderte brauchte, um sich von der gigantischen Welle der Verwüstung und Verödung zu erholen, die sich mit einer bis dahin unbekannten Vehemenz über das Land ergossen und Menschen, Tiere, Bäume und Pflanzen in einen alles ertränkenden Strudel gerissen hatte. Es ist das Verdienst Arnold Toynbees, diese Folgen des Hannibalischen Krieges mit großer Deutlichkeit herausgearbeitet zu haben. Er schreibt:

«Im Hinblick auf die Erd-Flora war es, als wäre die Italische Halbinsel von einem Hurrican verwüstet worden, der die Bäume entwurzelte, und dann von einem Waldbrand, der Büsche und Gräser verbrannte. Das unbelebte Bodensubstrat der Landschaft, an das sich das Leben normalerweise anschließt, war nackt und bloßgelegt[69].»

Toynbee zeigt im folgenden auf, welche Folgen dieses «Vakuum» auch hinsichtlich der Ansiedlung neuer Pflanzen und der Umstellung der Landwirtschaft gezeitigt habe. Es sei nicht verschwiegen, daß er dabei partiell auch zu positiven Ergebnissen kommt. Im ganzen aber vermochten sich Menschen und Natur in weiten Teilen des Mezzogiorno im Altertum nicht mehr völlig von den katastrophalen Zerstörungen zu erholen, die der 2. Punische Krieg angerichtet hatte: Erst nach dem Zweiten Weltkrieg, meint Toynbee, sei dort jener

Wohlstand wieder erreicht worden, dem der lange Krieg so brutal den Garaus gemacht habe. Und er fügt sogar hinzu: «Zur Zeit, als ich dies im Jahre 1962 schrieb, waren die Spuren, die die Anwesenheit des grausamen Hannibal im Verlaufe der 15 Jahre von 217–203 v. Chr. in Süditalien hinterlassen hatte, immer noch erkennbar»[70] – ein Fazit, das bei allen Vorbehalten gegenüber den manchmal sehr weitgehenden Schlüssen des großen englischen Gelehrten doch ein bezeichnendes Licht auf die Wut und Erbitterung wirft, mit der Karthager und Römer damals gegen Mensch und Natur Krieg geführt hatten.

Die Römer wußten sich freilich in einer Art makabren Epilogs für das zu revanchieren, was die Karthager einst «ihrem» Lande angetan hatten. Sie «bestraften» nicht nur die Menschen, indem sie am Ende des 3. Punischen Krieges, der mehr einer Exekution glich, die 50000 überlebenden Einwohner der Stadt unterschiedslos versklavten, sondern machten in ihrem Racheexzeß auch vor der karthagischen Erde nicht halt: 17 Tage lang brannte die ehemals stolze Handelsstadt Karthago, bis sie dem Erdboden gleich war; und um zu unterstreichen, wie ernst man es mit dem Fluch meinte, mit dem man das Territorium des verhaßten Feindes belegte, wurde über Gärten und Felder Salz ausgestreut. Der Ort sollte für alle Zeit unbewohnbar und unfruchtbar bleiben, allenfalls als Schafweide nutzbar[71] – ein Fanal, daß auch das Land selbst die Vergeltung des Siegers spüren sollte.

«Wo sie eine Einöde schaffen, nennen sie es Frieden» – Folgen römischer Vernichtungsstrategie

Nicht ganz so drastisch, aber doch stets mit äußerster Rücksichtslosigkeit, wenn es um das Erreichen militärischer Ziele ging, verfuhren die Römer auch in anderen Kriegen. Gleichgültig, ob es gegen andere Völker oder in den Bürgerkriegen des 1. Jh. v. Chr. gegen den «inneren Feind» ging – eine Schonung des Landes kam nicht in Frage. Im Gegenteil: Verwüstung von Landschaft und Landwirtschaft galt als probates, ausgesprochen willkommenes Mittel, dem Feind Schaden zuzufügen; auf die Zivilbevölkerung nahm man dabei in der Regel keinerlei Rücksicht.

Diese Art der «totalen» Kriegführung ist indes gerade angesichts der römischen Vernichtungsstrategie nicht verwunderlich. Begnügten sich griechische Staaten im allgemeinen mit der Durchsetzung mehr oder weniger begrenzter Kriegsziele, so gingen die Römer stets aufs Ganze. *debellare* hieß die Devise, das völlige Niederwerfen des Gegners, der sich des Friedens erst wieder erfreuen konnte, wenn er unter römischer Herrschaft stand. Vergil hat diese Maxime der römischen Politik und Kriegführung in die klassische Formulierung des *parcere subiectis et debellare superbos* gegossen[72]: Gegenüber endgültig Unterworfenen konnte man sich milde und schonungsvoll verhalten, die «Aufsässigen» dagegen, die sich gegen eine Beherrschung durch Rom aufzulehnen wagten, mußten mit der ganzen Strenge des «Kriegsrechts» rechnen, bis sie schließlich bezwungen waren.

Das schloß die Kampfansage an die Natur des feindlichen Territoriums natürlich ein! Und zwar, wenn es opportun schien, in einer so brutalen Form, daß man das Land kaum wiedererkannte, wenn sich die römischen Legionen seiner «angenommen» hatten. So jedenfalls stellte es sich manchem Gegner Roms dar; und es liegt sicher nicht nur antirömische Propaganda vor, sondern auch ein Teil Wahrheit, der sie erst zur scharfen Waffe im geistigen Widerstand gegen Rom machte, wenn Tacitus dem Britanner-Fürsten Calgacus folgende Anklage in den Mund legt:

«Plündern, morden, rauben nennen sie mit falschen Namen Herrschaft, und wo sie eine Einöde *(solitudo)* schaffen, nennen sie es Frieden.» Ein paar Sätze zuvor rechnet Calgacus mit dem skrupellosen Vorgehen der Römer gegen Mensch und Natur im und nach dem Kriege ab, indem er sie als *raptores orbis*, «Räuber der Welt», tituliert, «die, wenn sich ihren Verwüstungen kein Land mehr bietet, selbst das Meer noch durchwühlen...»[73].

Wir brauchen uns in diesem Zusammenhang nicht mit der Funktion und Intention dieser antirömischen Schmähungen im Geschichtswerk des Tacitus zu beschäftigen. Sicher ist, daß in ihnen auch ein Reflex auf die Art und Weise einer römischen Kriegführung vorliegt, die keinerlei Skrupel im Umgang mit der sonst so «heiligen Mutter Erde» kannte.

Makabrer «Lichtblick» inmitten zynischer Naturzerstörung

Den Umfang der durch Kriegshandlungen verursachten ökologischen Schäden können wir mangels konkreter Quellen-Belege nicht bestimmen. Sie dürften, auf kürzere und mittlere Frist gesehen, erheblich gewesen sein. Vor einer Überschätzung der langfristigen Folgen wird man allerdings warnen müssen. Ob etwa durch Griechen und Römer so irreversible und eindeutige kriegsbedingte Umweltschäden angerichtet worden sind, wie sie die Bibel für den Libanon schon im 6. Jh. v. Chr. bezeugt – «Heulet, ihr Tannen, denn die Zedern sind gefallen, und das herrliche Gebäude ist zerstört. Heulet, ihr Eichen Basans, denn der feste Wald ist umgehauen»[74] –, muß offen bleiben. Woran es indes nichts zu deuteln gibt, und das sollte auf den vorangegangenen Seiten aufgezeigt werden, war die *Bereitschaft*, derartige Schäden in Kauf zu nehmen. Wenn sie sich glücklicherweise in Grenzen hielten, so vor allem, weil dem klassischen Altertum weitgehend die technischen Möglichkeiten zu irreparablen Zerstörungswerken gegenüber der natürlichen Umwelt gefehlt haben.

Ergebnis und Inhalt des Kapitels legen es nahe, es mit einem adäquaten Zynismus ausklingen zu lassen. Daß der Krieg und seine schrecklichen Folgen in Einzelfällen auch positive Auswirkungen auf die Natur hatten, weiß Plutarch zu berichten. Im Zusammenhang mit dem Sieg des Marius über die Teutonen schildert er solch eine makabre Erfahrung:

«Die Bewohner von Massilia (Marseille) haben den Berichten zufolge mit den Gebeinen der Gefallenen ihre Weingärten eingehegt, und die Erde wurde durch die verwesenden Leichen und die winterlichen Regengüsse so fett und bis tief hinunter mit Fäulnisstoffen gesättigt, daß aus ihr Ernten von nie erhörter Fülle heranreiften. So habe sich das Wort des Archilochos bestätigt, daß eine Schlacht ‹die Fluren düngt›[75].»

Tröstlich ist nur, daß derselbe Archilochos es vorzog, seine eigenen Gebeine der Erde nicht als Naturdünger zur Verfügung zu stellen: Er ließ während einer Schlacht – unheroisch, aber wirksam –, seinen Schild an einem Busch zurück und machte sich aus dem Staube: «Mein Leben trug ich davon. Was liegt mir an diesem Schild?![76]»

Viele Nachahmer hat der Begründer der griechischen Lyrik – die vorstehenden Ausführungen dürften es deutlich gemacht haben – jedoch nicht gefunden.

«Wir reißen der Erde die Eingeweide heraus...» –

Der Fluch des Bergbaus

«Verfluchter Hunger nach Gold...» – Bergbau-Kritik im Altertum

«Nur das vernichtet uns, nur das treibt uns zur Unterwelt, was die Erde verborgen und versenkt hat, nur das, was erst allmählich entsteht, so daß der ins Leere emporstrebende Geist bedenken mag, was für ein Ende die Ausbeutung der Erde in all den Jahrhunderten finden und bis wohin die Habgier noch vordringen soll...[77]»

Panikmache aufgeregter Naturschützer am Ende des 2. Jahrtausends? Schreckensvision besorgter Ökologen, die mit drastischen Warnungen einer weiteren ungehemmten Ausbeutung der Bodenschätze begegnen wollen?

Keineswegs. Die modern anmutenden Gedanken stammen aus der Feder des römischen Naturforschers Plinius. Eines Mannes also, der weder als Apostel ökologischer Heilslehren noch als Stubengelehrter ohne naturwissenschaftliche Kenntnisse verdächtigt werden kann. Das Gegenteil ist der Fall: Der Ältere Plinius ist der Verfasser der ausführlichsten naturkundlichen Enzyklopädie, die aus dem Altertum auf uns gekommen ist. Wenn auch nicht immer aufgrund eigener «Feldstudien» kundig, so wußte er doch, wovon er sprach. Um so bemerkenswerter die prophetische Qualität seiner Worte, mit denen er die ökologische Problematik, der wir uns angesichts eines für die Antike überhaupt nicht vorstellbaren rapiden Abbaus der in der Erde «verborgenen» Ressourcen gegenübersehen, vorausgesehen hat!

Die antike Bergbau-Kritik, wie sie bei Plinius am deutlichsten faßbar ist, gründet sich auf zwei unterschiedliche Perspektiven. Im Vordergrund steht der moralisierende Ansatz. Fördern und Nutzen der Bodenschätze, insbesondere der Metalle, hat nur Unglück und Zwietracht über die Menschheit gebracht, heißt die zentrale These: Eisen wird zu verderblichen Waffen geschmiedet, mit denen sich die Menschen gegenseitig umbringen. Noch unheilvoller indes ist Gold. Denn es stachelt die Habgier an, und sie wiederum führt zu Mord und Totschlag, löst ganze Kriege aus, deren alleiniges Ziel es ist, sich auf Kosten der Gegner zu bereichern. In den Weltaltervorstellungen, die von einer Entwicklung der Menschheit vom glücklichen Goldenen Zeitalter zum beschwerlichen Eisernen Zeitalter ausgehen, in dem man selbst lebt, gehört der Beginn des Bergbaus gewissermaßen zum Deszendenz-Repertoire: Er stellt einen wichtigen Markstein auf dem allmählichen Wege in den Niedergang dar. So läßt Ovid die Bergbauaktivitäten erst mit dem letzten, dem Eisernen Zeitalter, beginnen; sie stehen in engem Zusammenhang mit der moralischen Depravation, der «verfluchten Besitzgier» des neuen Menschenschlages, der von allen guten Geistern verlassen zu sein scheint. Selbst in den *viscera terrae*, den Eingeweiden der Erde, wühlt der Mensch nun herum – und merkt in seiner Verblendung gar nicht, wie sehr er sich damit schadet:

> «Schätze, die tief sie (die Erde) versteckt und den stygischen Schatten genähert,
> grub man hervor – dem Schlechten zum Anreiz; das schädliche Eisen
> ist schon getreten ans Licht und – schädlicher noch als das Eisen –
> auch das Gold. Da ist, dem beide sie dienen, der Krieg und
> schlägt mit blutigen Händen zusammen die klirrenden Waffen.
> Nur vom Raub wird gelebt ...[78]»

Ähnlich wünscht Horaz in der 3. Römerode den guten Zustand zurück, als «das Gold noch nicht entdeckt ward und so besser lag», anstatt wie in seiner Zeit die Menschen zu Raub und Frevel zu zwingen[79]. In geradezu gnomische Form gegossen hat diese Erkenntnis Vergil: «Wozu treibst du die Herzen der Sterblichen nicht, verfluchter Hunger nach Gold!» ruft er im dritten Buch der Aeneis aus[80]; eine Einsicht, die rasch zum geflügelten Wort wurde, das jedermann im Munde führte[81] – ohne daß sich freilich irgend jemand danach richtete. Ob die Förderung von Edelmetallen eher als Segen oder als Fluch einer technisch weiterentwickelten Zivilisation anzusehen sei, überlegt Tacitus in seiner «Germania»: Er ist «im Zweifel, ob die Götter (den Germanen) Silber und Gold aus Gnade oder aus Zorn vorenthalten haben»[82].

Man wird diese Zeugnisse römischer Bergbau-Kritik nicht überbewerten dürfen. Sie waren zwar Ausdruck tiefen Unbehagens an einer zu materialistischen Einstellung der Gesellschaft, im besten Fall von utopischem Wunschdenken diktiert, im schlechtesten die mehr oder minder unreflektierte Wiederholung eines literarisch-sprichwörtlichen Topos mit platitüdenähnlichen Zügen, aber sie vermochten keinerlei Verhaltensänderung zu bewirken. Der empört-moralisierende Tenor solcher Stimmen erreichte den Verstand der Menschen nicht – wohl auch, weil diese Art von Kritik als zu wohlfeil, zu oberflächlich empfunden wurde.

Mißhandlung der «Mutter Erde» – und ihre Rache

Da war das, was Plinius gegen das Wühlen in den Eingeweiden der Mutter Erde vorbrachte, doch argumentativ fundierter, weil er sich dabei nicht nur auf die Dimension des Sittenverfalls, sondern auch auf andere – unmittelbare – Folgen des Bergbaus bezog. Hören wir, wie er seine Ausführungen über die Metallurgie einleitet:

«Von den Metallen, den Schätzen selbst und von den Werten der Gegenstände wird nun gesprochen werden, da unsere einzige Sorge das Innere der Erde auf vielfache Weise durchsucht; hier nämlich durchgräbt man sie auf der Jagd nach

Reichtum, weil die Welt nach Gold, Silber, Elektron und Kupfer verlangt, dort der Prunksucht zuliebe nach Edelsteinen und Färbemitteln für Wände und Holz, anderswo um verwegenen Treibens willen nach Eisen, das bei Krieg und Mord sogar noch mehr geschätzt wird als das Gold. Wir durchforschen alle ihre Adern und leben auf ihr dort, wo sie ausgehöhlt ist, wobei wir uns noch wundern, daß sie zuweilen birst und zittert, wie wenn dies nicht in Wahrheit aus dem Unwillen der heiligen Mutter Erde gedeutet werden könnte. Wir dringen in ihre Eingeweide und suchen am Sitz der Schatten nach Schätzen, gleichsam als wäre sie dort, wo sie betreten wird, nicht genügend gütig und fruchtbar ...[83] »

Hier klingt ebenso wie im eingangs angeführten Zitat, das sich an dieses anschließt, die spezifisch ökologische Problematik an, die sich mit dem Gefühl religiöser Ehrfurcht vor der Unverletzlichkeit der Natur verbindet: Wenn wir die Erde in der Weise malträtieren, daß wir ihr die Eingeweide förmlich herausreißen[84], dann dürfen wir uns nicht über die Folgen unseres Tuns beschweren. Die Erde reagiert dann mit Erdrutschen, Bodeneinstürzen und sogar Beben – das Letztere zwar, wie wir heute wissen, eine unhaltbare Spekulation, aber doch immerhin aus einer genuin ökologischen Optik heraus vermutet, die den Blick auf Ursache-Folge-Beziehungen richtet.

Ein zweiter, im weiteren Sinne ökologischer Aspekt betrifft die Endlichkeit der Ressourcen. Plinius war einer der wenigen, die hier über den Tag hinaus schauten: Irgendwann einmal wird das Ende der Ausbeutung von Bodenschätzen gekommen sein – und wie, fragt er, soll es dann weitergehen? Wie gesagt: Er fragt; er gibt keine Antwort darauf. Aber allein schon die Tatsache, daß er sich Gedanken über die Zukunft macht und das Problem der nicht beliebig vermehrbaren Rohstoffe – übrigens in klarem Gegensatz zu der regenerierbaren Agrar-Produktion – anreißt, läßt eine Art von Umweltbewußtsein im modernen Sinne erkennen.

Die vorausschauende Mahnung des Plinius hört sich fast wie eine bittere Reaktion auf die unreflektierte Zukunftsgläubigkeit und unerschütterliche Schein-Gewißheit derer an, die fest an die Unendlichkeit der Ressourcen glaubten. So etwa der Sokrates-Schüler und Historiker Xenophon (430–etwa 355 v. Chr.), der vollmundig seine Überzeugung propagierte, die Silberminen von Laureion seien unerschöpflich und würden daher Athens überragende wirtschaftliche Stellung auf Dauer sichern[85]. Lokalpatriotismus hin, Zukunftsoptimismus her: Zu Plinius' Zeiten hätte sich der forsche Literat wohl oder übel davon überzeugen lassen müssen, daß seine Prognose verfehlt war – aus den Minen war damals schon lange nichts mehr zu holen; allenfalls konnte man in den alten Schlackenresten noch ein bißchen Silber auftreiben, das in den Zeiten der Fülle unbeachtet geblieben war ...[86].

«Ein unerfreuliches Landschaftsbild ...» – Mondlandschaften als Folge antiken Bergbaus

Die landschaftszerstörerischen Folgen bergbaulicher Aktivitäten, die Plinius anspricht, liegen in der Natur der Sache. Sie lassen sich in den Zentren des antiken Bergbaus teilweise noch heute, nach rund zweitausend Jahren, nachweisen, sei es in Gestalt kahler, erosionsgeschädigter Bergabhänge, sei es in Form unansehnlicher, unfruchtbarer Schlacken- und Geröllfelder, alter, umgeleiteter Flußbetten oder anderer unnatürlicher Landschaftsveränderungen.

«Die ausgedehnten, vielfach vom Regen der Jahrtausende verschwemmten und ausgebreiteten Schutthalden der antiken Bergwerke tragen zu dem unerfreulichen Bild der Landschaft bei», faßt A. Philippson die Auswirkungen des jahrhundertelangen Silberabbaus auf das Aussehen der Landschaft im Süden Attikas zusammen[87]. Jeder Tourist, der das von über zweitausend Schächten durchlöcherte Gebiet der Laureion-

Berge besucht, kann sich von der Richtigkeit dieser Beschreibung überzeugen.

Daß auch die ursprünglich ausgedehnten Waldungen dem Bergbau zum Opfer gefallen sind, versteht sich fast von selbst, ebenso in weiten Teilen der Iberischen Halbinsel, die im Altertum geradezu als Dorado des Edelmetall-Abbaus galt. Vom Silber- und Goldreichtum Spaniens erzählte man sich wahre Wunderdinge; als «unerschöpfliche Schatzhäuser der Natur» rühmt ein antiker Geograph die Bergwerke des Landes[88]. In der Tat reicht die Ausbeutung der spanischen Minen bis zu den Phöniziern zurück, in deren Fußstapfen Karthager und Römer traten. Allein im Gebiet um Neu-Karthago waren im 2. Jh. v. Chr. vierzigtausend Bergwerksarbeiter tätig, deren Förderleistung sich Tag für Tag auf einen Ertrag von umgerechnet 25000 Denaren belief[89]. Kein Wunder, daß sich die Römer nach dem 2. Punischen Krieg beeilt hatten, Spanien mit seinen lukrativen Bergwerken unter ihre Kontrolle zu bekommen, und römische Unternehmer sich in der dortigen Montanindustrie scharenweise engagierten[90].

Kein Wunder aber auch, daß die viele Jahrhunderte hindurch betriebene Ausbeutung deutliche Spuren zurückgelassen und dem Land tiefe Wunden geschlagen hat: Entwaldung, Erosion und Entstellung der Landschaft waren vielerorts der Preis. A. Schulten, Verfasser des Standardwerks zur «Iberischen Landeskunde», fühlt sich mancherorts, besonders in Asturien und an der Südostküste, an «Mondlandschaften» erinnert, wenn er seinen Blick auf die trostlosen Minengegenden der Antike richtet[91].

Schon im Altertum boten diese und andere Zentren des Bergbaus keinen erfreulichen Anblick; jedermann mußte die negativen Auswirkungen des Abbaus von Bodenschätzen auf die Umwelt zur Kenntnis nehmen. Auch in Italien, das nicht über ausgedehnte Erzvorkommen verfügt, beutete man die Erde dort aus, wo man fündig wurde; auch dort blieben die

Folgen dieser Tätigkeit nicht unbemerkt. Das – vom ökologischen Standpunkt aus gesehen – erste Opfer des italischen Bergbaus war die Insel Elba. Etrusker und Römer förderten dort viele Jahrhunderte lang Eisenerz aus reichen Gruben, die als unerschöpflich, ja als auf wundersame Weise geradezu «regenerierbar» galten[92]. Die Verhüttung des Eisenerzes in zahllosen Schmelzöfen prägte das Aussehen der Insel derart, daß die Griechen sie Aithaleia, die «Rußgeschwärzte», nannten, «weil so viel schwarzer Rauch über ihr lag»[93]. Keine schmeichelhafte Bezeichnung – und später nicht einmal mehr eine zutreffende; denn der unkontrollierte Raubbau an den Wäldern der Insel, die als Holzkohle zur Befeuerung der Hochöfen verheizt wurden, führte irgendwann zu einem eklatanten Mangel an Brennstoff. In augusteischer Zeit blieb den Minenbesitzern von Elba jedenfalls nichts anderes übrig, als die gesamte Produktion aufs nahe Festland verschiffen und in den Hochöfen von Populonia verhütten zu lassen[94].

Die Intensität, mit der hier und in anderen Gebieten der Apenninenhalbinsel Bergbau betrieben wurde, läßt es völlig ausgeschlossen erscheinen, daß ein von Plinius erwähnter Senatsbeschluß irgendetwas mit Umweltschutz-Überlegungen zu tun hat. Dieses «alte» Senatusconsultum habe den Abbau von Bodenschätzen untersagt, «um Italien zu schonen»[95], heißt es da, und mitunter wird die Stelle als Beleg für angebliche ökologische Denkansätze bei den Römern angeführt. Was sich genau hinter der unklaren Formulierung verbirgt, läßt sich nicht sagen. Die Realität des italischen Bergbaus sah jedenfalls ganz anders aus: Förderung und Verarbeitung von Metallen florierten dort, wo sie sich lohnten[96].

Was auf Italien zutraf, galt erst recht für die Provinzen. Es war für die Römer selbstverständlich, sich außer der «märchenhaften» Lagerstätten Spaniens auch der Erzvorkommen in allen anderen Teilen ihres Imperiums zu bedienen; gleich, ob es sich um Silber, Kupfer, Blei, Eisen und Gold aus Dakien,

Eisen aus Gallien, Noricum und Illyrien oder Zinn aus dem fernen Britannien handelte. Die Liste der dokumentierten Minen im gesamten Römischen Reich ist lang, die Markierung römischer Bergbauorte auf der Landkarte beeindrukkend[97].

Verzerrungen, Einseitigkeiten, Übertreibungen? – Einige grundsätzliche Einschränkungen

Es ist wahr: So energisch Griechen und Römer überall dort Erzvorkommen ausbeuteten, wo die Prospektoren fündig geworden waren und die technischen Mittel es erlaubten, so gering war, mit heutigen Verhältnissen verglichen, die Fläche, die von dieser Montanindustrie belastet wurde. Die ökonomische Basis der antiken Staaten ist stets die Agrarwirtschaft geblieben, und diese Einschränkung gilt es zu berücksichtigen, wenn vom Bergbau im Altertum die Rede ist. Ebenso richtig ist, daß die von ihm angerichteten Umweltschäden sich, sieht man von den erwähnten Zentren der Erzförderung ab, in einem Rahmen hielten, der mit heutigen Maßstäben nicht zu messen ist. Ein Riesenbagger im linksrheinischen Braunkohleabbaugebiet hat vermutlich mit seiner «Tagesleistung» erheblich größere Auswirkungen auf Landschaft und Umwelt, als sie eine durchschnittlich große römische Mine in Monaten «erzielte». Insofern sollte kein schiefes Bild von dem Umfang der Umweltbelastung entstehen, die der antike Bergbau verursacht hat. Man wird sich vor Übertreibungen hüten müssen, zugleich aber die bis heute wirksamen unangenehmen Folgen nicht bagatellisieren dürfen.

Schließlich sei auch betont, um dem Vorwurf einer verzerrenden Perspektive entgegenzutreten, daß der Bergbau natürlich nicht nur Schattenseiten hatte, sondern dem Zivilisationsstandard der antiken Gesellschaften insgesamt und der Lebensqualität des einzelnen in ganz erheblicher Weise zugute gekommen ist, ja sogar als unabdingbare Grundlage für die Entwicklung und Blüte der griechisch-römischen Zivilisation und ihrer Kultur anzusehen ist. Was an Positivem und Rühmenswertem vor allem am technischen Standard des römischen Bergbaus zu sagen ist, ist vielfach gesagt worden und braucht an dieser Stelle nicht wiederholt zu werden. Die kritische Blickrichtung und, wenn man so will, die «Einseitigkeit» der Darstellung ergeben sich aus der Thematik dieses Buches, das sich nun einmal mit der weniger glänzenden Seite der Medaille befaßt.

Von Skrupeln keine Spur – was zählt, ist der Gewinn

Grund genug für skeptische Blicke liefern indes auch die näheren Umstände der Erzgewinnung – sowohl was die Frage des Naturschutzes angeht als auch was die Arbeitsbedingungen derer anbelangt, die man in die Schächte und Stollen schickte, um die kostbaren Metalle ans Tageslicht zu bringen.

Beginnen wir mit der technischen Seite. Wie schonend verfuhr man mit der Erde, die man ja nach alter religiöser Überzeugung wohl oder übel «verletzen» mußte, wenn man ihr die Bodenschätze entriß? Schon der Pflug, der sich in den Boden eingrub, riß die Erde auf und verwundete sie damit gleichsam – eine «Versündigung» an der Unversehrtheit der Mutter Erde, die man durch mancherlei Opfer und Rituale zu kompensieren bemüht war[98]. Um wieviel brutaler verging man sich da an ihr, wenn man sie nicht nur gewissermaßen in die äußere Haut ritzte, sondern ihre Eingeweide durchwühlte!

Über das unvermeidbare Maß hinaus, das Bergbauaktivitäten mit sich bringen, wären da doch äußerste Schonung und Zurückhaltung im Umgang mit der geschundenen Natur angebracht gewesen. Sollte man meinen; in Wirklichkeit aber scherte sich keiner um religiöse Skrupel. Wenn überhaupt, dann wurde der äußeren Form durch Gebete und Opfer Genüge getan. Vom «Geist» jedoch, der aus der ursprünglichen Scheu vor Eingriffen in den Naturzustand spricht, ist nichts zu bemerken. Es ging um «Beute», um Gewinn, um möglichst effiziente Ausnutzung der Erzvorkommen – und dazu war fast jedes Mittel recht. Ehrfurcht vor der Schöpfung ist keine wirtschaftliche Größe, und wenn allein der Rechenstift regiert, ist sie rasch aus dem Spiel. In der Realität des antiken Bergbaus war das so: Der Geist, der ihn durchweht, war eine profitorientierte Raubbau-Mentalität, für die Schonung der Umwelt ein Fremdwort war.

Ein bedeutendes Zentrum des griechischen Goldbergbaus war die Insel Thasos. Nur wenige Kilometer vor der thrakischen Küste gelegen, sicherte sich die Insel schon früh die Kontrolle über einen Teil des Festlandes, auf dem ebenfalls profitable Goldminen lagen. Der Reichtum von Thasos war fast sprichwörtlich, und er erweckte die Begehrlichkeit anderer Mächte, allen voran Athens, das seinen unbotmäßigen Bündner im Jahre 463/2 nach mehreren Jahren Krieg in den Delisch-Attischen Seebund zurückzwang. Daß die thasischen Minen im Mittelpunkt des Konflikts standen, zeigen die harten Friedensbedingungen, die Athen dem unterlegenen Gegner diktierte: Neben die Schleifung der Mauern trat der Verlust der thasischen Besitzungen auf dem Festland und des dortigen Bergwerks[99].

Den Wohlstand freilich, der die Insel und ihre thrakischen «Dependancen» so attraktiv machte, verdankten die Thasier ihrerseits einem «Kampf» mit der Natur, in dem sie sich wenig zimperlich und sensibel zeigten. Um an das begehrte Gold zu kommen, wühlten sie die Erde rücksichtslos und – gemessen an den eigenen religiösen Vorstellungen – ohne jede Pietät um: staunend berichtet Herodot[100], daß die Thasier eine angeblich von Phöniziern angelegte Mine so ausgebeutet hätten, daß «beim Schürfen ein ganzer Berg von unten nach oben gekehrt worden ist» – das «merkwürdigste Bergwerk», das der Historiker auf seinen ausgedehnten Reisen gesehen hat.

«Siegesgewiß blicken sie auf den Einsturz der Natur» – Plinius über «brutale» Abbauverfahren

Gegenüber den römischen Bergbauingenieuren waren die Bergleute in Thasos freilich noch Waisenknaben, was die Rücksichtslosigkeit im Umgang mit der «Mutter Erde» angeht. Wie man mit ihr in den spanischen Minen zum Teil umging, ist der anschaulichen Schilderung des Plinius zu entnehmen. Er leitet seinen Bericht über das «brutalste» Abbauverfahren mit einem passenden Vergleich ein: Es dürfte sogar «die Werke der Giganten übertreffen»[101], urteilt er, jener wilden, ungeschlachten Riesen also, die im Kampf gegen die olympischen Götter Berge aufeinandertürmten, um den Himmel zu erreichen. Die Assoziation zum Frevelhaften, Hybriden ist von Plinius offensichtlich gewollt. Er fährt dann fort:

«Nachdem man Stollen über weite Strecken getrieben hat, höhlt man Berge unter Lampenlicht aus; dies dient auch als Maß für die Dauer der Wachen, und viele Monate lang sieht man die Tageshelle nicht. Man heißt diese Art von Stollen *arrugiae*. Risse senken sich plötzlich und verschütten die Arbeiter, so daß es schon weniger waghalsig erscheint, aus der Tiefe des Meeres Perlen und Purpurschnecken zu holen. Um soviel gefahrvoller haben wir die Erde gemacht! Man läßt deshalb häufig Gewölbebögen stehen, um die Berge zu stützen. Bei beiden Bauarten trifft man auf Felsen; diese zersprengt man mit Feuer und Essig, öfter aber, da diese Arbeitsweise in den Stollen durch Dampf und Rauch zum Ersticken führt, zerschlägt man sie mit Sprenghämmern, die mit 150 Pfund Eisen versehen sind, und schafft die Felsbrocken bei Nacht und Tag auf den Schultern hinaus, indem man sie in der

Finsternis dem Nächsten zureicht; nur die letzten Arbeiter erblicken das Tageslicht. (...)

Nach vollendeter Arbeit schlägt man die Stützen der Bögen, beim entferntesten beginnend, weg. Das erste Zeichen gibt eine Spalte, und diese bemerkt ein auf dem Gipfel stehender Wächter. Dieser läßt mit Stimme und Winken die Arbeiter herausrufen und eilt selbst gleich vom Berge herab. Der zerbrochene Berg fällt weithin auseinander mit einem Krachen, das vom menschlichen Sinn nicht erfaßt werden kann, zugleich auch mit einem unglaublichen Windstoß. Als Sieger blicken die Bergleute auf den Einsturz der Natur ... [102]»

Spectant victores ruinam naturae – die prägnante Metaphorik des letzten Satzes, in dem viel Bitterkeit mitschwingt, macht ihn zu einer geradezu zeitlosen Sentenz: Der Mensch wähnt sich als Sieger über die Natur, triumphierend schaut er ihrem Zusammenbruch zu: seinem Werk, auf das er stolz ist – ohne sich darüber im klaren zu sein, was er tatsächlich angerichtet hat und daß die *ruina naturae* dereinst auch ihn unter sich begraben könnte. Zumal selbst der ganz konkrete Erfolg seines Ringens mit der Natur fraglich ist; denn es ist keineswegs sicher, daß die besiegte Erde die erhofften Tribute entrichten wird:

«Und doch hat man bis jetzt noch kein Gold», fährt Plinius fort, «und man wußte auch nicht, als man grub, ob welches vorhanden ist. Die Hoffnung auf das, was man begehrte, war ausreichend Grund für so große Gefahren und Kosten [103].»

Mit anderen Worten: Diese aufwendige, landschaftszerstörende Technik des Goldbergbaus wandte man gewissermaßen auf Verdacht an. Vielleicht hatte man Glück, und die Prognosen der Prospektoren bewahrheiteten sich, vielleicht war aber auch alles umsonst gewesen. Von der gebotenen schonenden Behandlung der heiligen Mutter Erde konnte man eigentlich kaum weiter entfernt sein als bei dieser Art von Vabanque-Bergbau.

Erfolg oder Mißerfolg des künstlichen Bergeinsturzes entschied sich erst in der Folgezeit – selbstredend mit ähnlich massiven oder noch stärkeren Eingriffen in die Umwelt. Schauen wir ein letztes Mal in den Bericht des Plinius:

«Nun folgt eine andere, gleich schwere und sogar mit noch größerem Aufwand verbundene Arbeit: Zum Auswaschen dieser Trümmer leiten sie über Bergrücken aus einer Entfernung von meist 150 Kilometern Flüsse heran.» Die problematischen Folgen dieser von Menschenhand geschaffenen Kanäle, in denen das Wasser mit hoher Fließgeschwindigkeit zum «Ausschwemmen» des Goldes herabstürzt, sind nach den Recherchen des Naturforschers allenthalben auf der Iberischen Halbinsel sichtbar: «So gleitet die fortgeschwemmte Erde ins Meer, und der zerbrochene Berg wird aufgelöst. Spanien hat aus diesen Ursachen sein Land bereits weit ins Meer hinausgeschoben[104].»

Umweltsünden ohne Scheu – Von der «Politik der hohen Schornsteine» bis zum institutionalisierten Raubbau

Was Plinius theoretisch über den ungeheuren technischen Aufwand berichtet, konnte gerade in Spanien an einigen ehemaligen Zentren des Goldbergbaus auch archäologisch nachgewiesen werden. Von P. L. Lewis und G. D. B. Jones liegt eine Studie über «Roman gold mining in North-West Spain» vor[105], in der die Verfasser die Überreste dreier römischer Goldminen genauer untersucht haben. Es stellte sich bei ihren Feldforschungen heraus, daß die römischen Ingenieure tatsächlich Flüsse in neue Betten umgeleitet haben[106]. Beeindruckend und als technische Leistung sicher hoch zu veranschlagen ist das ausgedehnte Netz von Aquädukten, die in dem rund 1000 m hoch gelegenen Bergbauort Las Medulas das zum Goldwaschen benötigte Wasser lieferten. Das «Verbundsystem» umfaßte wahrscheinlich nicht weniger als sieben Wasserleitungen von 2–3 m Breite, die teilweise in einer Entfernung von 20 km Luftlinie begannen. Aufgrund des gebirgigen Geländes ergab das bei einzelnen Leitungen die stolze Länge von über 50 Kilometern. Etwa 34 Millionen Liter Wasser strömten so Tag für Tag in die Minenstadt. Der größte Teil wurde in Tanks und Reservoirs geleitet, von denen noch deutliche Spuren erhalten sind[107].

Ähnliche Ergebnisse liegen aus anderen Minenstädten der römischen Zeit vor[108]. Das alles zeigt: Von einer schonenden Behandlung der Mutter Erde, wie sie die Religion forderte, war man in der Praxis weit entfernt. Statt solch antiquierten naturreligiösen Sonntagsreden zu lauschen, orientierten sich die Bergbaubetreiber und damit wohl oder übel auch ihre Arbeiter allein am Ertrag ihrer Investitionen, der sich in klingender Münze ausrechnen ließ. Sie gruben so emsig, als wollten sie (den Unterweltsgott) Pluton persönlich herausholen, hat Demetrios von Phaleron einmal über die Bergleute in den attischen Silbergruben gesagt[109]. Man kann das getrost auf alle Bergbauaktivitäten der Alten Welt beziehen – und sollte, wie gesagt, von der höchst idealisierenden Vorstellung Abschied nehmen, als hätten religiöse Skrupel der Rücksichtslosigkeit im Umgang mit der natürlichen Umwelt irgendwelche Schranken gesetzt. Selbst die «Politik der hohen Schornsteine», hinter der sich ja eigentlich nur das St.-Florians-Prinzip gut getarnt verbirgt, wurde schon praktiziert: Hochöfen für die Silberschmelze pflegte man, berichtet Strabo, mit hohen Schornsteinen zu errichten, «damit das aus dem Gestein weichende Gas hoch in die Luft geblasen wird – denn es ist schwer und tödlich»[110].

Nicht gerade Ehrfurcht oder gar Dankbarkeit gegenüber der Natur für ihre unterirdischen Gaben sprechen zudem aus der Praxis, nur die wertvollsten Metalladern zu nutzen. Man wollte aus dem Vollen schöpfen – nicht etwa nur aus betriebswirtschaftlichen Zwängen oder wegen technischer Schwierigkeiten, sondern einfach deshalb, weil ja genügend Bodenschätze vorhanden zu sein schienen. So wurden in Laureion nur Lagerstätten abgebaut, die mehr als 10 % Blei aufwiesen, in Etrurien verschmähte man Vorkommen, die nicht mindestens 5 % Kupfer führten, und im portugiesischen Minas verzichtete die Minenverwaltung darauf, Edelmetalladern auszubeuten, die 0,0018 % Gold und 0,028 % Silber enthielten – Lagerstätten, die heute als ausgesprochen hochwertig gelten[111].

Verschärft wurde diese Tendenz zum Raubbau zeitweise durch das Steuerpächter-System, wie es vor allem in den beiden letzten Jahrhunderten der römischen Republik auch im Bergbau gang und gäbe war. Zunächst schien diese Institution eine für den Staat lukrative Sache zu sein: Als Eigentümer der in den Provinzen gelegenen Minen verpachtete der Staat über die Zensoren den kompletten Bergwerksbetrieb mitsamt den Schürfrechten an finanzstarke Kapitalgesellschaften, die sogenannten *publicani*. Gegen eine Fixsumme, die bei Vertragsabschluß zu entrichten war, wurde ihnen die Ausbeutung einer Mine in der Regel für fünf Jahre nach eigenem Gutdünken überlassen. Für den römischen Staat fielen in diesem System keinerlei Verwaltungs- und Personalkosten an, außerdem konnten die Erträge aus dem Bergwerksbesitz fest in den Staatshaushalt eingeplant werden. Unerwartete Mindereinnahmen drohten ja nicht, weil die *publicani* den vereinbarten Pachtzins schon entrichtet hatten.

Für sie bedeutete das indes, in der ihnen zur Verfügung stehenden Zeit möglichst hohe Profite aus dem gepachteten Bergwerk zu erwirtschaften. Je mehr Erz gefördert wurde, um so besser die Rendite ihrer Investition – die sie wohlgemerkt mit niemandem mehr teilen mußten. Ob sie bei der nächsten Ausschreibung erneut den Zuschlag für die Bergwerkspacht erhalten oder einer konkurrierenden Gesellschaft unterliegen würden, stand dahin. Also waren sie nicht an einer systematischen, auch weniger lohnende Erzadern einschließenden Ausbeutung interessiert; angesichts des Zeitdrucks schien es opportun, sich auf die reichen Lagerstätten zu werfen, sie rasch auszubeuten und sich dann neuen zuzuwenden. Um die weniger ergiebigen konnten sich dann ja die Nachfolger in der Pacht kümmern...

Keine Frage, daß in diesem kurzsichtigen System die Sicherheit des Abbaubetriebs sträflich vernachlässigt wurde. Gesundheit und Leben der im Bergbau tätigen Menschen galten freilich ohnehin nicht viel, wie wir noch sehen werden – insofern nahm man diese menschenverachtende Konsequenz achselzuckend in Kauf. Aber das Ganze war und blieb doch ein schlimmer Raubbau, eine ebenso unnötige wie ärgerliche Verschwendung von Ressourcen, die langfristig auch nicht im Interesse des Staates liegen konnte. Hauptsächlich aus diesem Grunde gingen die römischen Kaiser seit dem Ende des 1. Jh. n. Chr. immer mehr von der Zusammenarbeit mit den Steuerpächtern ab, die ohnehin im Rufe übler Blutsauger standen[112]. Sie übertrugen die Verwaltung der Bergwerke kaiserlichen Beamten und ordneten die einschlägige Gesetzgebung neu, so daß zumindest die schlimmsten Auswüchse systembedingten Raubbaus beseitigt wurden[113].

«Bleich wie das Gold, das er ausgegraben hat» – Die Arbeitsbedingungen der Bergleute

Die destruktiven Auswirkungen des Bergbaus auf die natürliche Umwelt waren die eine, die verheerenden Folgen für die in diesem Wirtschaftsbereich Beschäftigten die andere Seite. «Wieviele Hände reiben sich auf, damit nur ein Fingerglied (vor Gold) glänzen kann!» ruft Plinius aus[114]. Für ihn stand der Ertrag der Minenarbeit in keinem Verhältnis zu den menschlichen Leiden und Entbehrungen, unter denen er erwirtschaftet wurde. Ein Aspekt, den auch der Epiker Silius

Italicus thematisiert: «Gierig taucht der Asturier in die innersten Eingeweide der zerschundenen Erde ein», merkt er mit kritischem Unterton an, um sofort darauf die selbstzerstörerischen, fatalen Ergebnisse dieser «Gier» herauszustellen: «Und unglücklich kehrt er zurück – und ebenso bleich wie das Gold, das er ausgegraben hat[115].»

In einem Punkt hat Silius sicher recht: Die gesundheitlichen Folgen der Arbeit im antiken Bergbau waren unübersehbar; die schlechten Arbeitsbedingungen führten schnell zu Krankheit und Tod, die Lebenserwartung der Bergleute war denkbar gering. So gesehen waren es gewiß unglückliche, bleiche Gestalten, die da, von ihrer furchtbaren Arbeit gezeichnet, nach zehnstündigem Untertage-Aufenthalt ans Licht zurückkehrten – wenn sie denn überhaupt zu den Privilegierten gehörten, die dorthin zurückkehren durften.

Denn darin liegt das Mißverständliche seiner Darstellung: Es waren die allerwenigsten, die die «Gier» nach Reichtum freiwillig unter Tage trieb. Zwar gab es zu allen Zeiten und in den meisten Minen des Altertums auch freie Bergleute, die in der Hoffnung auf den Glücksfund ihres Lebens die Strapazen dieses Berufes auf sich nahmen. Doch war das nur eine kleine Minderheit. Das Gros der antiken Bergarbeiter waren Sklaven, die zur Arbeit in den Minen gezwungen wurden, oder in römischer Zeit Verbrecher, die von einem Gericht wegen Raubes, Notzucht, Brandstiftung und ähnlich schwerer Delikte *ad metalla*, «zur Arbeit in den Bergwerken», verurteilt worden waren.

Im attischen Laureion, dem lange Zeit bedeutendsten Bergbaugebiet, war die Förderung des Silbers, Bleis und Zinnobers fest in unfreier Hand. Rund 20000 Sklaven schufteten dort in den Stollen und Erzmühlen, um Athen jenen nicht unerheblichen Teil seines Wohlstandes zu sichern, der sich in den «laurischen Eulen» – so Aristophanes über das berühmte Wahrzeichen der attischen Währung[116] – konkretisierte. Es waren vielfach Mietsklaven, die von reichen Rentiers an die Konzessionäre der Silbergruben verpachtet wurden. Der «Hai» unter diesen Kapitalisten, die sich im unfreien Leiharbeitergewerbe engagierten, war der im 5. Jh. lebende athenische Feldherr und Politiker Nikias: Er besaß ein Heer von 1000 Sklaven, die er an den Bergwerksunternehmer Sosias für eine Obole pro Mann und Tag vermietete [117] – eine offenbar lukrative Anlageform, die Nikias neben anderen Geschäften zum reichsten Mann seiner Zeit machte. Daß er sein Vermögen auf die Ausbeutung entrechteter, unmenschlich geschundener Unfreier gründete, minderte sein Ansehen unter seinen Mitbürgern keineswegs. Erst der etliche Jahrhunderte später schreibende Plutarch nahm daran Anstoß:

«Den Betrieb in den Bergwerken, wo die meiste Arbeit von Verbrechern und barbarischen Sklaven geleistet wird, die gefesselt sind und an gefährlichen und ungesunden Orten zugrunde gehen, wird man nicht gutheißen», kritisiert er, fügt allerdings hinzu, daß diese Art, Reichtum zu erwerben, moralisch doch weniger anstößig sei, als wie der Römer Crassus an konfiszierten Gütern proskribierter Landsleute und Erpressung brandgeschädigter Hauseigentümer Millionen zu verdienen [118].

Wie sich die Bergwerkssklaven des Nikias und ihre Leidensgenossen abschuften und drangsalieren lassen mußten, geht aus den Quellen recht anschaulich hervor. Die literarische Überlieferung und das archäologische Material bestätigen und ergänzen hier einander. Bis zu 10 Stunden lang – das läßt sich aus der Brenndauer der Grubenlampen errechnen – mußten die Bergleute in qualvoll engen, nur etwa 90 cm hohen Stollen das Erz hauen und fördern. Die Säcke mit dem erzhaltigen Gestein wurden von Hand zu Hand in kauernder Stellung weitergereicht; Kinderarbeit war nichts Außergewöhnliches. Die Luft in den Gruben war stickig, wenngleich die Bewetterung in Laureion für antike Verhältnisse gut war.

Ebenso war dort der Sicherheitsstandard vergleichsweise hoch; die Abstützung einsturzgefährdeter Hohlräume kann geradezu als vorbildlich gelten; die Vorkehrungen gegen Wassereinbruch und andere Schutzbestimmungen wurden offenbar sorgfältig beachtet, wie eine detaillierte Untersuchung des Münchner Althistorikers S. Lauffer gezeigt hat[119]. Gleichwohl war die Arbeit unter Tage ebenso verhaßt wie die unbarmherzige Folter der Erzmühle, der auch ältere Sklaven und Frauen ausgesetzt wurden.

Ein Teil der Bergwerkssklaven von Laureion war angekettet oder mit Eisenringen gefesselt. Dieses von Plutarch ausdrücklich auch für Attika erwähnte Detail wird nicht nur durch Zeugnisse antiker Autoren über andere Bergwerksregionen glaubhaft gemacht[120]; es erfuhr auch durch einen grausigen Fund eine zusätzliche Bestätigung: Bei Kamariza stießen Archäologen auf ein Paar stark oxydierter Fußringe, von denen bei dem einen in der Mitte noch die Reste von Fußknochen steckten. Fesseln und Ketten sind auch in Minenorten auf der Iberischen Halbinsel entdeckt worden. Nichts wirft ein so grelles Schlaglicht auf die grausamen Arbeitsbedingungen in den Bergwerken der Antike wie diese fast sadistisch anmutenden «Sicherheits»-Maßnahmen, die die harte und gefährliche Schürftätigkeit vollends zu einer Arbeitshölle werden ließen.

De profundis – Menschenverachtung und Naturzerstörung in zynischem Gleichschritt

Die Feststellung klingt wie Zynismus, ist aber dennoch wahr: Die Arbeitsbedingungen, unter denen die Bergbausklaven von Laureion in klassischer Zeit ihr mühseliges Werk verrichteten, waren noch die «humansten» – verglichen jedenfalls mit dem unbeschreiblichen Elend der Minenarbeiter in den Bergwerken der hellenistischen und römischen Zeit. Wie furchtbar es dort zuging, zeigt der erschütternde Bericht des Agatharchides über die Verhältnisse in den nubischen Goldminen:

«Die Zahl der in die Goldbergwerke verbannten Menschen ist sehr groß, und alle sind an den Füßen gefesselt und müssen ohne Unterbrechung Tag und Nacht arbeiten. Es gibt für sie kein Ausruhen und keine Möglichkeit zur Flucht. (...) Das durch Feuer gelockerte Gestein wird von Zehntausenden dieser Unglücklichen mit dem Brecheisen bearbeitet. Indem sie ihre Körperhaltung jeweils der Lage des Gesteins anpassen, werfen sie die losgehauenen Gesteinsbrocken auf den Boden. Diese Arbeit verrichten sie ununterbrochen und unter der unbarmherzigen Peitsche des Aufsehers.

Keiner findet Nachsicht oder Erholung, mag er krank, gebrechlich, alt oder eine schwache Frau sein. Alle werden in gleicher Weise durch Schläge zur Arbeit angetrieben, bis sie schließlich, von den Strapazen gebrochen, an ihren Leiden zugrunde gehen. Ihr Elend ist so groß, daß sie künftiges Leid noch mehr als das gegenwärtige fürchten, und die Strafen sind so hart, daß ihnen der Tod wünschenswerter als das Leben erscheint[121].»

Ähnliche Zustände herrschten in den spanischen Bergwerken. Viele Arbeiter mußten dort Tag und Nacht unter der Erde leben; diese Notiz bei Diodor[122] hat sich bei archäologischen Forschungen in ehemaligen Minen bewahrheitet, wo größere unterirdische Kammern offenbar als «Ruheräume» der unglücklichen Menschen dienten, die nur noch durch Schläge zur Arbeit gezwungen werden konnten. Selbstmorde waren in diesem von Terror und Hoffnungslosigkeit geprägten Milieu an der Tagesordnung. Aber auch die katastrophalen Mängel in der Sicherheitstechnik rafften viele dahin. Ungenügende Bewetterung der Stollen führte zum qualvollen Erstickungstod ungezählter Bergleute, der durch das Einatmen giftiger Dämpfe herbeigeführt wurde. Alle, die diesen gefährlichen Gasen Tag für Tag ausgesetzt waren, hatten nur noch eine kurze Lebenserwartung. Fahle Haut und rasch zunehmende Ermattung waren die sichersten Anzeichen des schleichenden Todes. Besonders berüchtigt war offensichtlich die thrakische Goldmine Scaptensula, wo sich die Natur mit besonders verderblichen Ausdünstungen für die Wunden rächte, die ihr die Menschen schlugen: «Welches Gift entströmt den Goldminen!» ruft Lukrez aus und beschreibt die fatalen Auswirkungen auf die Arbeiter: «Was machen sie aus den Gesichtern der Menschen, wie ändern sie ihre Farbe! Hörst und siehst du nicht, in wie kurzer Zeit diejenigen gewöhnlich sterben und wie sehr die Kraft des Lebens denen fehlt, die eine starke Gewalt bei einer solchen Arbeit festhält?[123]»

Man sieht: Das Wissen um die Gefahr für Leib und Leben der armen Teufel, die sich gefesselt und geprügelt in den Minen abschuften mußten, die sichere Erkenntnis, daß diese Arbeiter über kurz oder lang zugrunde gehen würden[124], schränkte die Bergbauaktivitäten ebensowenig ein wie die vielbeschworene, aber wenig praktizierte Ehrfurcht vor der «Mutter Erde». Die Arbeit im Bergbau war im Altertum ein menschenverachtendes Himmelfahrtskommando im Dienste rücksichtsloser Profitgier. Ob die unfreien Bergleute ihr Leben durch Erschöpfung, Ersticken oder Verschüttetwerden[125] aushauchten, kümmerte die Grubenbesitzer nicht; allenfalls ging ihnen der wirtschaftliche Verlust nahe, den sie durch den Tod eines Teils ihres «Sklavenmaterials» erlitten. Mitleid mit den Minenarbeitern hatten ohnehin die wenigsten – Bergbausklaven galten als der absolute Bodensatz der ohnehin schon verachteten Unfreien, und Kriminelle und Christen hatten nach der Überzeugung der meisten ohnehin kein besseres Schicksal verdient als das hoffnungslose Dasein, das der Kirchenvater Cyprian im 3. Jh. n. Chr. so schildert:

«Ihre Füße liegen in Fesseln, die nicht mehr der Schmied,

sondern Gott allein abnehmen wird. Dem Körper fehlt die Lagerstätte und die Pflege; er muß auf dem nackten Boden liegen. Die Verurteilten erhalten kein Wasser, um die dicke Staubschicht abzuwaschen, von der sie naturgemäß bedeckt sind. Brot wird kärglich gereicht, gegen die Kälte schützt die Kleidung nicht. Der Kopf ist halb geschoren, und was von den Haaren übrig blieb, starrt vor Schmutz[126].»

«Der Mensch hat gelernt, die Natur herauszufordern», stellt Plinius im Zusammenhang mit der Erfindung des Bergbaus fest[127]. Der besondere Zynismus des antiken Bergbaus liegt darin, daß er ausgerechnet die Ärmsten der Armen zu den unmittelbaren, wehrlosen Opfern einer Tätigkeit machte, die als «Wühlen in den Eingeweiden der Mutter Erde» mit einem religiösen Stigma behaftet war. Umweltbewußtsein im Sinne einer Ehrfurcht vor der Schöpfung spiegelt sich durchaus darin, doch stand es gegenüber der Motivation, die die antiken Bergbau-Kritiker ungeschminkt als «Habgier» brandmarken, von vornherein auf verlorenem Posten.

Alptraum Rom

Umweltprobleme der kaiserzeitlichen Großstadt

«Von tausenderlei Gefahren bedroht» – Großstädters Klage

Wohl dem, der sein Hab und Gut schnüren, auf einen Karren verladen und ins «leere Kyme» umziehen kann – dorthin, wo sich die heilige Sibylle über jeden einzelnen Neubürger freut! Wehe aber dem, der Rom nicht hinter sich lassen kann, der gezwungen ist, sein Dasein in der «grausamen Hauptstadt» zu fristen! Ein Dasein, dem «tausenderlei Gefahren» auflauern, ein Dasein in Armut und Streß, in Ängsten und Sorgen!

Jederzeit kann etwas passieren, das die karge Existenz des kleinen Mannes vollends vernichtet: Brände und Hauseinstürze sind die Damokles-Schwerter seines Lebens:

Schreit einer «Feuer!», rufen andere nach Wasser, dann ist es höchste Zeit für alle Bewohner des Mietshauses, aus ihren finsteren, teuer gemieteten Löchern über ebenso finstere Treppenhäuser ins Freie zu stürzen. Am meisten gefährdet sind die, die ganz oben unter dem Dach in zugigen, mal stikkig-heißen, mal bitterkalten Kammern hausen: Sie können im Brandfalle froh sein, die Warnrufe der Nachbarn überhaupt zu hören und ihr nacktes Leben zu retten. Ihre Habe dagegen, das Wenige, das sie überhaupt besessen haben – eine Liege, ein bißchen Hausrat, ein paar Bücher, an denen die Mäuse schon genagt haben –, wird ein Raub der Flammen: Bis aus den nächstgelegenen Brunnen und Becken Löschwasser zu den nicht ans Leitungsnetz angeschlossenen Mietskasernen geschleppt worden ist, ist es meist schon zu spät.

Feuerversicherungen gibt es nicht; völlig mittellos geworden, begreifen die Armen, daß sie durch solche Brandkatastrophen noch ärmer geworden sind als zuvor. Auf Hilfe brauchen sie nicht zu hoffen.

Anders, wenn es den reichen Besitzer eines prächtigen Einzelhauses trifft: Brennt sein Stadtpalast ab, dann beeilen sich seine Freunde und Klienten, ihm mit reichen Geschenken beizustehen – und das neue Haus, das an die Stelle des vom Feuer zerstörten alten tritt, erstrahlt in um so größerem Glanze; der Verdacht der Brandstiftung liegt nahe, und manch einer munkelt hinter vorgehaltener Hand, der Eigentümer habe vielleicht «heiß saniert».

Mit ähnlicher Hilfsbereitschaft kann der Vermögende rechnen, wenn – wider Erwarten – sein Haus einstürzen sollte. Das ist bei den solide gebauten, stabilen und stets gepflegten Einzelhäusern zwar gar nicht zu befürchten. Wohl aber bei den mit billigen Baumaterialien konstruierten, unter Verletzung der Sicherheitsvorschriften «hochgezogenen» mehrstöckigen Mietskasernen, in denen der Großteil der hauptstädtischen Bevölkerung leben muß: Risse, die viele Wände aufweisen, sind Vorboten des drohenden Einsturzes. Auch und gerade wenn der Hauswart sie notdürftig verschmiert hat und die Bewohner in trügerischer Sicherheit wiegt – «schlaft ohne Sorge!», ruft er ihnen zu –, ist jedes Knarren und Knacken ernstzunehmen: Einstürze von Häusern sind in Rom an der Tagesordnung; keineswegs spektakuläre Einzelfälle, sondern tagtäglich erwartete oder erlebte Schrecken in einer Stadt, «die zu großem Teil mit schwachen Pfeilern gestützt ist».

Die beruhigende Aufforderung des Hauswarts, ruhig und sorglos zu schlafen – sie ist an sich ein Hohn: Denn wie soll eines dieser armen Geschöpfe, die in den Mietshäusern vegetieren müssen, des Nachts überhaupt ein Auge schließen können? Unablässig umdröhnt das Gepoltere der Karren und schweren Wagen, die mit ihren Eisenrädern über das Basaltpflaster der gewundenen Straßen und Gassen donnern, die Menschen, die sich verzweifelt nach Schlaf sehnen. Und ist man wirklich einmal eingenickt, dann reißt einen das Fluchen und Schimpfen von Passanten und Viehtreibern angesichts einer steckengebliebenen Herde aus dem Schlummer. Nachtschwärmer, Raufbolde und Betrunkene, die sich in den frühen Morgenstunden vom Gelage auf den Heimweg machen, tun ein Übriges: Ihr Lachen und Grölen fügt sich nahtlos in die Reihe all jener Lärmquellen ein, die zur Schlaflosigkeit führen und die Bewohner der großen Mietshäuser regelrecht krank machen. Nur wer Geld hat, kann sich damit eine ungestörte Nachtruhe erkaufen: In die großen, von Gärten umsäumten Stadtpaläste, in die am Rande der Stadt oder auf den Hügeln liegenden Villen der Reichen gar dringt der Lärm nicht oder allenfalls gedämpft ein. Krank durch Krach wird von ihnen keiner, und erst recht bringen keinen von ihnen die dadurch verursachten Schlafstörungen ins Grab.

Freilich: Mit dem lärmenden Menschengewühl, das sich am Tage durch die engen Straßen der Hauptstadt wälzt, ist der nächtliche Verkehr überhaupt nicht zu vergleichen. Unglaubliche Szenen spielen sich da in dem hektischen Treiben ab, das ab und zu zu regelrechten Fußgänger-Stauungen eskaliert, in denen dann keiner mehr vor- oder zurückkommt. Rücksichtslosigkeit triumphiert: Brutal drückt und stößt der Hintermann einen nach vorne, nebenan versucht sich einer mit den Ellbogen durchzusetzen; Schläge und Püffe, sei es versehentlich, sei es mit Absicht, teilt in dieser chaotisch dahinwogenden Masse fast jeder aus, und man kann noch froh sein, wenn man nicht von einem Balken oder einer Tonne am Kopf erwischt wird, die ein Arbeiter durch die Menge trägt, sondern einem nur die Ferse oder ein Zeh von den Nagelschuhen eines Legionärs aufgerissen wird, der nicht mehr rechtzeitig «anhalten» konnte. Sich mit geflickten Kleidern in dieses

Menschenmeer zu begeben, ist sinnlos: Die Nahtstellen reißen doch sofort wieder auf.

Aber das alles sind Kleinigkeiten im Vergleich zu anderen Gefahren, die vor allem von den Lastfuhrwerken drohen. Zwar dürfen Wagen grundsätzlich tagsüber in Rom nicht fahren, aber es gibt eine Reihe von Ausnahmebestimmungen. Und was nützt es dem hilflosen Fußgänger, wenn er weiß, daß die schweren Marmorblöcke für einen neuen Tempelbau bestimmt sind, die da nach einem Achsenbruch vom Wagen stürzen und ihn zusammen mit anderen Passanten unter sich begraben – zermalmte Opfer, deren Gliedmaßen und Knochen kaum wiederzufinden sind? Oder wenn eine Ladung riesiger Fichtenstämme, hoch übereinandergetürmt, plötzlich ins Wanken gerät und auf die Menschenmenge zu rutschen droht? Ein einziges Mittel gibt es, einigermaßen sicher durch diesen gefährlichen, unfallträchtigen Straßenverkehr zu kommen – aber das kostet natürlich wieder Geld: Man nehme sich eine Sänfte und ein paar kräftige Sklaven; so läßt man sich, nach Belieben schreibend, lesend oder ein Nickerchen haltend, hoch über den Köpfen der Plebs ungefährdet dahintragen.

Wenn nach Einbruch der Dunkelheit der Verkehr auf den Gassen deutlich abgeebbt ist und man sich als Fußgänger wenigstens freier bewegen kann – allerdings muß man weiter auf der Hut sein vor Wagen, die jetzt verstärkt die Straßen frequentieren –, dann erwarten den Passanten andere unliebsame Großstadt-Überraschungen. Man tut gut daran, den Blick häufig nach oben zu richten, um vielleicht noch rechtzeitig trotz der Dunkelheit, in der neben dem Mondschein allein die mitgeführte Fackel Licht spendet, eine aus der Höhe drohende Gefahr zu erkennen: Hier platzen Ziegel vom Dach ab und stürzen herab, dort spart sich ein Anwohner den mühseligen Treppengang über mehrere Stockwerke, indem er zerborstene Töpfe mit Wucht aus dem Fenster schleudert – den ohrenbetäubenden Lärm des Aufschlagens und Zerspringens auf dem Pflaster nimmt man gern noch in Kauf, wenn man nur nicht selbst am Kopf getroffen wird.

Auch andere «Flugobjekte» sausen aus den kleinen Fensteröffnungen heraus nach unten. Zwar ist diese Art der Hausmüllbeseitigung strengstens untersagt, doch läßt sich bei diesen Lichtverhältnissen schwer ein Nachweis darüber führen, wer der Übeltäter war. Besser, man beherzigt die Maxime: Bevor du dich nachts zu einem Mahl nach draußen begibst, mache dein Testament, denn: «Es drohen dir so viele Tode, wie in dieser Nacht Fenster geöffnet sind, an denen du vorbeikommst.»

Angesichts der möglichen Vielfalt und des Gewichts der vom nächtlichen Himmel herabstürzenden Gegenstände kann man noch dankbar und erleichtert sein, wenn es nur der Inhalt eines Nachttopfes ist, der sich tückisch über einen ergießt...

Ein nicht minder ernstes Problem ist die Kriminalität. Fast hat es den Anschein, als zögen sich des Nachts alle zwielichtigen Elemente und alles verbrecherische Gesindel aus der nahen und fernen Umgebung wie zu einem Großangriff auf die Hauptstadt zusammen. Dabei sind doch Öfen und Ambosse fast ununterbrochen im Einsatz, um genügend eiserne Fesseln für alle diese Spitzbuben zu produzieren, so daß man schon befürchten muß, das Eisen reiche zum Schmieden von Pflügen kaum noch aus. Aber obwohl Rom schon lange nicht mehr mit nur einem Gefängnis auskommt, treiben sich noch genügend Verbrecher herum, die das nächtliche Rom unsicher machen – darunter auch, wenngleich selten, Mörder und Räuber. Taschendiebe machen ihre Beute leichter im Menschengedränge des Tages; sie halten sich nachts offenbar zurück. Nicht so die Rowdies und Raufbolde, die ihr Mütchen kühlen wollen, indem sie harmlose Passanten anpöbeln, provozieren und mit Fäusten traktieren. Natürlich ist der friedliche Bürger diesen im Schutz der Nacht agierenden Schlägern meist unterlegen; von handgreiflichem Streit kann man jedenfalls kaum noch sprechen, «wenn einer nur schlägt und der andere nur einsteckt» – zumal wenn sich eine ganze Horde Angetrunkener auf einen einzelnen stürzt. Die einzige Bitte, die dem Opfer großstädtischer Straßenkriminalität da noch bleibt, ist, ihn wenigstens noch mit ein paar *nicht* ausgeschlagenen Zähnen nach Hause wanken zu lassen.

Was darf Satire? – Und wie ist sie als historische Quelle zu bewerten?

Die Klage des geplagten Stadtmenschen, die hier nachgezeichnet worden ist – sie stammt aus der Feder des römischen Satirikers Juvenal (ca. 60–ca. 130 n. Chr.)[128]. Das Gedicht, nach Meinung von G. Highet «eine der besten Satiren, die je geschrieben worden sind»[129], ist gewissermaßen der *locus classicus* der antiken Großstadtkritik, schriller Aufschrei und polemisch-einseitige Artikulation der Sorgen, Ängste und Ressentiments, die den einfachen, mittellosen Römer angesichts seiner harten Lebensbedingungen und des starken Gefälles zwischen Arm und Reich erfüllten. Es ist zum einen diese spezifische, radikale Optik, bei der sich Unmut auch in Form bedenklicher Elemente eines «gesunden Volksempfindens» wie Fremdenfeindlichkeit[130] und kompensatorischer Mißgunst[131] Luft schafft, was davor warnen muß, das Gedicht ohne weitere Prüfung als zuverlässige historische Quelle einzustufen. Aus der Sicht anderer sozialer Gruppen mag sich das frühkaiserzeitliche Rom ganz anders denn als Alptraum oder Moloch dargestellt haben; das deutet die Satire ja selbst schon überall an, wo sie den Blick auf die Begüterten richtet[132].

Zum anderen ist natürlich auch die Textsorte zu beachten. Satire will anklagen, aufrütteln, Mißstände geißeln, und sie bedient sich dazu der Zuspitzung, Übertreibung und Verzerrung. Sie setzt auf die sprachliche und inhaltliche Pointe, um Wirkung zu erzielen. Insofern versteht sie sich auch keineswegs als abbildtreuer Spiegel der Realität.

So sehr indes bei der historischen Auswertung mit mannigfachen Brechungen und Fehlspiegelungen der Wirklichkeit zu rechnen ist, so unbezweifelbar ist aber auch, daß der satirischen Darstellung ein wahrer Kern zugrunde liegt – auch das gehört zu ihrem Wesen. In unserem Falle heißt das: Es muß im kaiserzeitlichen Rom sehr wohl gravierende Großstadt- und Umweltprobleme gegeben haben, unter denen ein Großteil der Bevölkerung litt. Dieser Eindruck wird durch eine Vielzahl anderer Quellen – bei einer im ganzen vergleichsweise sehr guten Quellenlage – vollauf bestätigt. Welche Umweltbelastungen für die Bewohner der Hauptstadt des Römischen Imperiums sich im einzelnen ergaben und als wie schwerwiegend sie einzustufen waren, soll im folgenden auf einer breiteren Quellenbasis zu eruieren versucht werden.

Menschengewühl, Verkehrsstaus und ungeliebte Bäder in der Menge

«Schon gibt es so viele Städte wie einst nicht einmal Hütten; schon sträuben sich die Inseln nicht mehr gegen eine Besiedlung, selbst Klippen schrecken niemanden ab: Überall Häuser, überall Menschen, überall staatliche Ordnung, überall Leben» – in diesen Sätzen faßt Tertullian eine Entwicklung zusammen, die er als Überbevölkerung empfindet[133]. Eindrucksvollen Anschauungsunterricht für die Richtigkeit dieses Urteils schienen die schier unüberschaubaren Menschenmengen zu liefern, die sich tagein, tagaus über die Straßen in den großen Städten des Reiches ergossen. Den zweifelhaften Ruhm, auch in dieser Hinsicht eine unbestrittene Spitzenstellung innezuhaben, konnte die Hauptstadt für sich beanspruchen: Rom war tatsächlich eine dichtbevölkerte, hektische, lärmende Metropole, deren Straßen oft genug von Menschentrauben verstopft waren. Eine von pulsierendem Leben erfüllte, betriebsame südländische Großstadt, wenn man es eher positiv formulieren will; ein chaotischer, beklemmender Moloch Stadt, der seine Bewohner im Würgegriff von Krach und Streß, Massenverkehr und Menschengewühl hielt, wenn man die negativen Aspekte hervorheben will.

Wie dachten die Zeitgenossen darüber? Ihr Urteil ist eindeutig: Sie empfanden die Schattenseiten dieses Ausdrucks von Großstadtzivilisation sehr stark. «Denke dir diese Stadt», klagt Seneca, «wo die Masse, die sich ohne Unterlaß durch die breitesten Straßen ergießt, erdrückt wird, sobald sich irgendein Hindernis entgegenstellt, das den gleich einem reißenden Gebirgsbach sich wälzenden Menschenstrom zurückstaut[134].» Ähnlich erdrückend schildert ja auch Juvenal das Gedränge auf den Straßen Roms. Schon in augusteischer Zeit hatte das Verkehrsgetümmel offenbar ähnlich chaotische Ausmaße erreicht. Kurze Entfernungen zwischen der City und dem Aventin oder dem Quirinal? Gewiß! Breite, bequeme Straßen? Auch das – jedenfalls teilweise. Aber was hilft das alles, wenn die Menschen zur Arbeit strömen, wenn Träger und Maultiere die Straßen verstopfen, Leichenzüge den Verkehr zum Erliegen bringen, Marmorblöcke mit Kränen über die Köpfe der dahineilenden Menge gehievt werden und Schaulustige zum Stehenbleiben einladen, tollwütige Hunde oder schmutzstarrende Schweine sich in die Menge stürzen und so für zusätzliche Aufregung sorgen[135]? Inmitten der Passanten tummelte sich ein großes Heer von fliegenden Händlern, die alle ihre Geschäftschance in dem riesigen Kundenpotential witterten, das um sie herum wogte. Garküchenbesitzer, Friseure, Metzger und andere Gewerbetreibende engten den Gehraum noch zusätzlich ein, indem sie ihre Theken, Tische und Stühle vor die Türen stellten – ein

Übel, das Domitian – zumindest vorübergehend – durch rigorose Bestimmungen eindämmte. Immerhin brauchte man danach nicht mehr ganz so große Angst davor zu haben, daß «im Gedränge das Messer des Bartscherers blindlings zuckt» und einen arglosen Passanten verletzte[136].

Es konnte nicht ausbleiben, daß es hin und wieder zu Unglücksfällen kam, wie sie Horaz hier in dichterischer Freiheit andeutet. Ohne das Gedränge, das auf den Straßen Roms herrschte, hätte die Panik, die die Menschen im Jahre 51 n. Chr. nach einigen Erdstößen ergriff, sicherlich nicht so viel Unheil angerichtet; damals wurde eine unbekannte Zahl schwächerer Personen von der rasenden Menge totgetrampelt oder erdrückt[137]. Von einer Menschenmasse am Kapitol erdrückt wurden auch eine gewisse Ummidia und ihr dreizehnjähriger Sklave; so berichtet es die Grabinschrift, ohne allerdings die Ursache genau anzugeben[138]. Geradezu katastrophale Ausmaße mit mehreren Dutzend Opfern nahmen zwei ähnliche Unglücke an, die freilich durch besondere Umstände – die Jagd nach Geldgeschenken beziehungsweise nach Plätzen im Circus – ausgelöst wurden[139].

Tödliche Unfälle und auch gravierende Unglücke waren gewiß die Ausnahme. Daß sie sich indes öfter ereigneten, als die Quellen sie verzeichnen, ist mit Sicherheit anzunehmen: Historiker pflegen auf diesem Felde nur das Außergewöhnliche, Spektakuläre zu berichten, nicht den alltäglichen Sturz im Gedränge, den durch unachtsame Bauarbeiter oder rücksichtslose Fuhrwerktreiber verursachten Unfall oder gar die vielen kleinen Blessuren und Unannehmlichkeiten, die unwillkürlich aus solchem «Bad in der Menge» resultierten: der Schlag in die Rippen, der Tritt in die Hacken, die Beschmutzung durch Straßenkot und unsaubere Kleidung beim «größeren Teil der Entgegenkommenden»[140]. Im ganzen dürfte die Schilderung Juvenals in diesem Punkte also zwar dramatisch zugespitzt, aber keineswegs unrealistisch sein.

Skeptikern, die im hektischen Gedränge auf den Straßen und Plätzen des kaiserzeitlichen Roms keine «Umweltbelastung» zu erblicken vermögen, sei vorsorglich in Erinnerung gerufen, daß diese Akzentuierung ja keineswegs auf teutonischer Unempfänglichkeit für südländisches Temperament beruht, sondern sich auf ernstzunehmende Klagen der Betroffenen stützt. *Selbst ihnen*, könnte man eher sagen, war dieses Quantum an pulsierendem Leben erheblich zu viel – eine Einstellung, die für den nächsten Punkt erst recht zutrifft: den Lärm, der die Hauptstadt Tag und Nacht erfüllte.

«Von allen Seiten umdröhnt mich Lärm» – Krach am Tage ...

Verantwortlich für den hohen Geräuschpegel waren verschiedene Ursachen. Erheblichen Anteil daran hatte natürlich das in der City herrschende Verkehrsgetümmel. Man kann sich unschwer vorstellen, welche Bandbreite von Geräuschen der Massenbetrieb auf den Straßen mit sich brachte; das Spektrum reichte von normalen Unterhaltungen über Zurufe und Warnungen bis hin zu erregten Auseinandersetzungen, Wutausbrüchen und Schmerzensschreien. Türen fielen krachend ins Schloß, Hunde bellten, ausgepeitschte Sklaven schrien laut auf[141]. Aus den Läden und Werkstätten, die im Erdgeschoß der Mietshäuser lagen, dröhnten Schmiedehämmer und anderes Werkzeug heraus[142]. Andere Handwerker und Krämer üben ihr Gewerbe auf notdürftig aufgestellten Tischen und Theken im Freien aus; der eine hämmert unablässig spanischen Goldstaub auf seinem Amboß, der andere betreibt sein Wechselgeschäft mit akustischem Aufwand, indem er pausenlos mit Kleingeld klimpert, um für seine Dienste zu werben. Wer in diesem Getöse auf sich aufmerksam machen will, muß in der Tat zu einem lauten Organ Zuflucht nehmen; entsprechend schrill preisen die fliegenden Händler ihre Waren an – ob es sich um Erbsenbrei, Salzfische oder im Warmhaltekessel dampfende Würste handelt, die «der Koch schreiend herumträgt»[143]. Einen zweifelhaften Ruf als besonders aufdringliche Störenfriede genießen die Bäcker; nicht zuletzt, weil ihr lautstarkes Werben schon im Morgengrauen mit dem Krähen der Hähne in Konkurrenz tritt[144].

Schlimmer noch, jedenfalls für die geplagten Ohren Martials, sind die Schulmeister, die in aller Herrgottsfrühe ihren Unterricht im Freien beginnen; sie herrschen ihre Schüler so an oder prügeln so auf sie ein, daß der Nachtschlaf der Anwohner spätestens mit Schulbeginn zu Ende ist: «Was hab ich eigentlich mit dir zu schaffen, du verfluchter Schulmeister», so macht Martial in einem berühmten Epigramm seiner Empörung Luft, «du deinen Schülern und Schülerinnen verhaßter Kopf?![145]» Doch alle Empörung half nicht: Das Kreischen der geschlagenen Kinder und ihr lautes Buchstabieren und Lesen waren die nicht minder geräuschvollen Antworten auf die Brüll-Pädagogik ihrer Lehrer.

Der Baulärm, das laute Entladen der Fuhrwerke und das Quietschen und Rumpeln der Karren und Wagen, die über das Pflaster holperten, wurden hier und da vom Geschrei verzückter Anhänger orgiastischer Kulte übertönt, die in wilder Prozession durch die Straßen taumelten[146], oder vom Lärmen und Beifallsgejohle, unter denen Gaukler und Schausteller ihre Kunststückchen anpriesen und vorführten[147]. Kurz und gut – *strepitus* (Lärm) war etwas, das für die Atmosphäre des kaiserzeitlichen Roms schon in augusteischer Zeit ausgesprochen charakteristisch war[148]. Rom war eine laute Stadt – ein Attribut, das als *epitheton ornans* anzusehen freilich niemandem in den Sinn gekommen wäre.

Soviel zum Tageslärm auf den *Straßen* der Hauptstadt. In den Wohnungen der meisten Römer dürfte es nicht viel leiser zugegangen sein; zum einen ergoß sich die tosende Geräuschbrandung von draußen durch die vielen offenen, aus

Kostengründen oft nicht mit Glasscheiben geschützten Fenster in die Zimmer hinein, und zum anderen gab es auch im Inneren des Hauses genügend Lärmquellen, die durch die dünnen Wände in die Nachbarwohnungen drangen. Eine gute Vorstellung davon vermittelt Seneca, den es im Badeort Baiae in ein Gästezimmer verschlagen hatte, das über einer kleinen Badeanstalt lag. Sicher wird man für eine normale Wohnlage Abstriche gegenüber dem hier Geschilderten machen müssen; gleichwohl dürfte das Ensemble der Geräuschkulisse keinen völlig falschen Eindruck von dem erwecken, was sich in Mietshäusern akustisch abspielte:

«Hier umdröhnt mich von allen Seiten Lärm (...) Stelle dir das wilde Geschrei aus allerlei Tönen vor! Es könnte einen dazu bringen, die eigenen Ohren zu verfluchen. Kraftmenschen üben hier, schwingen ihre bleibeschwerten Hände, bringen sich dabei in Schweiß oder tun wenigstens so; jetzt hört man sie stöhnen; wenn sie den angehaltenen Atem wieder ausstoßen, klingt es wie Zischen. (...) Denk dir dazu die immer wieder aufkommenden Zänkereien, den Lärm, mit dem man einen Dieb faßt, und das Geplärre von Leuten, die sich im Bade gerne singen hören! (...) Das sind wenigstens naturgemäße Töne – dazu aber die dünne, schrille Stimme eines Haarausrupfers, der immerfort schreien muß, um sich bemerkbar zu machen, und der erst dann schweigt, wenn er einem die Achselhaare ausrupft, wofür dann der Gerupfte losschreit! Und endlich all die Lärmerei, wenn Wurst- und Kuchenhändler und alle Garkücheninhaber ihre Waren, jeder in der ihm eigenen Stimmlage, anpreisen![149]»

Eine amüsante Genre-Studie, gewiß. Der nach Ruhe und Sammlung ringende Philosoph, inmitten eines wüsten Stimmen- und Geräuschemeeres der Verzweiflung nahe – eine Vorstellung, die zum Schmunzeln einlädt, zumal das für den so «Gepeinigten» eine Ausnahme-Situation auf der Durchreise ist. Für Hunderttausende von römischen Bürgern aber waren vergleichbare Lärmbelästigungen der Normalfall, dem sie sich nicht durch einen raschen Wohnungswechsel entziehen konnten. Unter diesen Bedingungen verliert die Schilderung schnell ihre heiteren Züge – zumal da den so geschädigten Römern auch nachts nichts erspart blieb, was manch einer als Lärmterror empfunden haben dürfte.

... und Krach in der Nacht

Das Furchtbarste war das Rumpeln der schweren Fuhrwerke und Reisewagen, die nachts durch die Straßen der City fuhren. An sich war das schon von Caesar in der *lex Iulia Municipalis* vom Jahre 45 v. Chr. erlassene weitgehende Tagesfahrverbot eine sinnvolle Maßnahme, weil es das tägliche Verkehrschaos in Grenzen zu halten versuchte. Das Verbot erstreckte sich von Sonnenaufgang bis zur zehnten Stunde, also bis zum späten Nachmittag. Ausnahmeregelungen galten unter anderem für die Karren der Straßenreinigung, für Lastwagen, die Baumaterialien für kultische oder öffentliche Gebäude transportierten, und für Wagen, auf denen Priesterinnen und Priester im Rahmen religiöser Zeremonien durch die Stadt fuhren[150]. Freilich wurden diese Restriktionen bei Tage mit erhöhtem Verkehrsaufkommen in der Nacht erkauft. Um ihre Waren rechtzeitig in die Stadt zu bringen, mußten die Bauern der Umgebung schon in den Nachtstunden in die City einfahren, und auch der Personenreiseverkehr durch die Stadt verlagerte sich notgedrungen auf die Nachtstunden. Kein Wunder, daß der Lärm, den die Räder vor allem in Kurven und auf holprigen Wegstrecken verursachten, den Schlaf der Römer empfindlich störte – von Zusammenstößen, Unfällen und den damit verbundenen Streitereien der Treiber und Lenker ganz zu schweigen[151]. Den *strepitus rotarum*, den «Lärm der Räder», zählt schon Horaz zu den fundamentalen Unerträglichkeiten im nächtlichen Rom [152], und er wird darin von anderen Autoren voll und ganz bestätigt [153].

Ein ständiges Ärgernis war zudem die nächtliche Ruhestörung durch Betrunkene und Nachtschwärmer, die grölend und singend durch die Straßen liefen. Frauen fehlten bei diesen feuchtfröhlichen Umzügen, bei denen allerhand Unsinn angestellt wurde, offenbar nicht – mag auch die grimmige Darstellung Juvenals übertrieben sein, wenn er undifferenziert von orgiastischen Ausschweifungen berichtet, bei denen «des Priapus Mänaden mit wirbelndem Haar rasen und wildes Geheul erheben» [154].

Rücksicht auf die schlafenden Mitbürger war nicht jedermanns Sache. Im Gegenteil: Zu vorgerückter Stunde fing mancher angeheiterte Zecher an zu überlegen, wie er seine Nachbarn aus dem Bett hochfahren lassen könne. Was Petron von seinem Romanhelden Trimalchio erzählt, hat sicher sein Pendant in der Wirklichkeit gehabt: Der läßt sich im Rausche ein makabres Ständchen auf den eigenen Tod bringen – von Hornisten mit voller Lautstärke –, wobei erst die von der aufgeschreckten Nachbarschaft herbeigerufene Feuerwehr den Spuk beendet, nicht ohne ihrerseits die Tür mit großem Getöse einzuschlagen und «mit Wasser und Beilen Tumult zu stiften» [155]. Das Ganze spielt sich um Mitternacht ab. Eine volle Stunde irren die angetrunkenen Gäste, die sich nach dem Eklat verabschiedet haben, in der Stadt umher, von Topfscherbe zu Topfscherbe stolpernd, die die Gassen bedecken; dann endlich sind sie bei ihrer Herberge angelangt. Sie – und vor allem die Nachbarschaft – haben Glück: Sie finden Einlaß, «ohne erst lange Lärm geschlagen zu haben» [156].

In lautstarke Szenen waren häufig auch Verliebte und leichtlebige Bürger verwickelt, die dem römischen Ideal der *gravitas* abhold waren und ihren «Protest» auch unüberhörbar – und vorzugsweise nachts – zum Ausdruck brachten. Der unerhörte Liebhaber, der der Angebeteten – beziehungsweise der Tür ihres Hauses – ein Ständchen bringt, ist ein beliebtes Motiv der römischen Liebeselegie[157]. Von einem heftigen Streit mit zwei Prostituierten und seiner Geliebten berichtet Properz sehr anschaulich: Man kratzt sich gegenseitig fast die Augen aus, und eine der Kontrahentinnen ruft «Feuer!», um sich in Sicherheit zu bringen. Der Radau weckt die Nachbarn auf, die sich ihrerseits eifrig am Geschrei beteiligen. Und im Nu «hallt die ganze Gasse in der tollen Nacht vom Lärm wider»[158]. Der Spott, den der Elegiker hier über die in ihrer Nachtruhe gestörten «Quiriten» – hier geradezu in der Bedeutung «Spießbürger» gebraucht[159] – ausgießt, reizt zum Mitlachen. Aber er ist wohlfeil, denn die beschriebene Szene ist alles andere als ein Einzelfall; mit derartigen Angriffen auf ihren ohnehin labilen Schlaf mußten die in der City wohnenden «Quiriten» jederzeit rechnen – und da wurde auch der Toleranteste mit der Zeit zum «Spießbürger». Auf besonders sensible Zeitgenossen mußte Rom auch bei Nacht wie ein einziges großes Tollhaus wirken, aber auch dem normal Empfindenden dürfte der Lärm auf Dauer gehörig auf die Nerven gegangen sein.

Umweltflucht ins Landhaus – Der Ausweg für die Reichen

Es gab nur eine Möglichkeit, sich dieser aus «dem brandenden Gewoge und den Wirbelstürmen der Stadt» resultierenden Umweltbelastung zeitweise oder ganz zu entziehen: Rom den Rücken zu kehren und aufs Land oder in eine der nahe gelegenen, geruhsamen Landstädte zu «fliehen»[160]. Dort fand man reichlich Schlaf[161], dort herrschte «tiefere, behaglichere und darum ungestörtere Ruhe»[162], so daß Martials einfaches Fazit sehr verständlich wirkt: «So oft es uns, zum Überdruß müde, zu schlafen beliebt, gehen wir zum Landhaus[163].»

Eine Sitte, die schon die Politiker zu Zeiten der Republik

pflegten, um dem hektischen Getriebe des politischen Alltags für ein paar Tage zu entkommen und sich in der Muße des Landlebens zu regenerieren, die aber immer mehr auch, zumindest objektiv gesehen, den Charakter einer «Umweltflucht» annahm. Allerdings war der Kreis derer, die sich das leisten konnten, sehr begrenzt. Die große Masse der Mittellosen und der Kleinverdiener hatte diese Alternative nicht. Der Grad der großstädtischen Umweltbelastung bemaß sich also durchaus nach der sozialen Stellung des einzelnen. Wer über genug Geld verfügte, konnte sich wenigstens teilweise davon freikaufen.

Dies traf nicht nur auf «sporadische» Umweltflüchtlinge zu, sondern viel mehr noch auf die begüterten Familien, die sich Lärm und Massenbetrieb durch eine begehrte Wohnlage außerhalb der City vom Halse hielten. Solche vornehmen Viertel lagen besonders auf den Anhöhen im Stadtgebiet und ganz besonders an der Peripherie der Stadt. Die *villa suburbana*, das «Landgut am Rande der Stadt», galt vielen als geradezu ideale Wohnlage, weil sie die Vorteile von Stadt und Land in sich vereinigte. Man braucht nur die schwärmerische Beschreibung eines solchen auf dem Ianiculum (Gianicolo) gelegenen Gutes aus der Feder Martials zu lesen, um das zu verstehen – und auch den Neid, der Juvenals dritte Satire durchzieht: Von der Höhe des Hügels genießt man unter einem strahlend heiteren Himmel einen prächtigen Blick auf die Stadt. Das Gewimmel Roms ist nah und doch weit; in der Ferne sieht man den Reise- und Geschäftsverkehr auf den großen Ausfallstraßen – aber man *hört* ihn nicht. «Kein Wagen lärmt dort, so daß kein rasselndes Rad den sanften Schlummer stört.[164]»

Wie ein Kranz zogen sich solche Villen mit großen Gartenanlagen um die Stadt, eine Art Grüngürtel, der freilich den Bewohnern der City nichts nützte und der zugleich eine Ausweitung des Stadtgebietes verhinderte. Selbst weiter vom

Stadtkern gelegene Güter ermöglichten es ihren reichen Eigentümern, sich wenigstens vor dem nächtlichen Lärm der Hauptstadt in Sicherheit zu bringen. Das Laurentinum des Plinius, der in Rom selbst auf dem Esquilin eine repräsentative *domus* besaß[165], lag unweit von Ostia ca. 25 km von Rom entfernt, aber noch nah genug, «daß man nach Erledigung seiner Obliegenheiten, wenn des Tages Mühe und Arbeit hinter einem liegt, dort übernachten kann»[166].

Die meisten Bürger Roms mußten indes nach «des Tages Müh und Arbeit» weiterhin mit der lärmenden City vorlieb nehmen – und die damit verbundenen Gesundheitsschädigungen ertragen. Lärm macht krank; diese Feststellung ist heute wissenschaftlich erwiesen. Für das Altertum ist eine derartige Aussage eine These, die zwar mit den damals zur Verfügung stehenden Methoden nicht strikt nachgewiesen, aber mit Hilfe aufmerksamer Beobachtung zumindest empirisch erhärtet werden konnte. Juvenal war ohne Zweifel ein sehr genauer Beobachter, und daher kommt dem von ihm festgestellten, ganz modern anmutenden Wirkungszusammenhang zwischen Lärm und Krankheit große Bedeutung bei: Krach und daraus resultierende Schlafstörungen bezeichnet er als *caput morbi*, als Beginn von Krankheit, die schließlich – und das ist sicher satirisch zugespitzt – zum Tode führt[167]. Eine ähnliche Ursache-Folge-Wirkung sieht übrigens auch Martial: Die vielfältigen Lärmquellen *negant vitam*, hat er beobachtet: Sie «verneinen» das Leben, das heißt sie machen das Dasein unerträglich, sind gewissermaßen lebensfeindlich[168]. Ebenso klar erkennen und tadeln beide die sozial ungerechte «Verteilung» dieses Umweltproblems: «Der Arme findet in der Stadt kein Plätzchen zum Ruhen», meint Martial, und Juvenal bestätigt das aus der umgekehrten Perspektive: «Großem Reichtum allein verdankt man in der Stadt den Schlaf[169].» Es kann kein Zweifel bestehen, daß diese Feststellungen im Kern zutreffen.

Der Drang in die City – und seine Gründe

Die wichtigste Ursache für das berüchtigte «Gedränge» in Rom und die daraus sich ergebenden Umweltbelastungen war die große Zahl von Menschen, die sich auf einem relativ engen Raum zusammendrängte. Zwischen der Entwicklung der Bevölkerungszahl Roms und der politisch-sozialen Entwicklung gibt es mannigfache Wechselbeziehungen und Parallelen. Die grundlegendste war: Je größer und mächtiger Rom wurde, um so stärker wuchs auch die Bevölkerung der Stadt an. Typisches Beispiel und Sonderfall zugleich war die demographische Entwicklung im 2. Jh. v. Chr. Damals hatte Rom sein Imperium nach dem Sieg über das konkurrierende Karthago und der Eroberung des griechischen Ostens konsolidiert, diesen Machtzuwachs indes mit der Verelendung eines großen Teils des Kleinbauerntums bezahlt. Die Folge war eine Landflucht großen Ausmaßes; Rom mußte Zehntausende von «Proletariern» aufnehmen, die sich in der Stadt bessere Lebensbedingungen erhofften. Auch in den nächsten Jahrzehnten wirkte die Hauptstadt wie ein Magnet, der immer mehr Menschen anzog und im Dienstleistungsbereich in Gestalt von Unfreien auch benötigte. Am Ende der Republik dürfte die Bevölkerungszahl Roms bei 700–900 000 Köpfen gelegen haben. Genaue Zahlen lassen sich nicht ermitteln, aber die Berechnungen verschiedener Gelehrter treffen sich bei diesem Schätzwert, der auf jeden Fall eine verläßliche Größenordnung angibt[170].

Diese Zahl stieg in der frühen Kaiserzeit noch an; gerade der bewußt repräsentative Ausbau Roms zur prächtigen Kapitale eines mächtigen Reiches in augusteischer und julisch-claudischer Zeit erhöhte den Anreiz, hierhin zu übersiedeln – den bekannten Unannehmlichkeiten und Nachteilen zum Trotz. Der Gipfel dieser Entwicklung dürfte um den Beginn des 2. Jh. n. Chr. erreicht worden sein. Die Schätzungen schwanken zwischen einer und eineinhalb Millionen Einwohner, wobei der untere Wert tendenziell realistischer erscheint[171].

Wie immer man in dieser Streitfrage Stellung beziehen will, eines steht jedenfalls fest: Rom war überbevölkert. Das Kern-Stadtgebiet, das sich gegenüber der frühen Republik kaum erweitert hatte, war zu klein geworden; es hatte mit dem Anstieg der Bevölkerung nicht Schritt gehalten. Hatte man aus der krisenhaften «Stagnation» auf politischem Gebiet angesichts der übermäßigen Extensivierung der *res publica* einen Ausweg in Gestalt des Verfassungswechsels von der Republik zum Prinzipat gefunden, so bot sich eine vergleichbar grundsätzliche – und zugleich «einfache» – Lösung der demographischen Problematik nicht an. Das war kein Gordischer Knoten, den man mit einem Schwertstreich hätte lösen können, sondern eine Zwangslage, aus der es kaum ein Entrinnen gab. Denn zum einen wirkte die Hauptstadt mit ihren vielfältigen Arbeits- und Freizeitmöglichkeiten, mit ihrer Ausstrahlung als Sitz und Mittelpunkt eines Weltreiches und dem großzügigen Umfang ihrer «Sozialleistungen» in Form von Getreidezuteilungen und gelegentlichen Geldgeschenken für die Plebs attraktiv auf Zuzugswillige, die die Schattenseiten nicht richtig einschätzten oder gering einstuften. In gewisser Weise läßt sich das mit der Anziehungskraft moderner Metropolen in der Dritten Welt vergleichen, wenn auch das Ausmaß geringer war und ein entscheidender Beweggrund für die Landflucht, das dort herrschende Elend, in der späten Republik und der frühen Kaiserzeit wegfiel.

Zum anderen wurde die Massierung der Bevölkerung in der City oder zumindest in citynahen Gegenden dadurch gefördert, daß sich eben dort das öffentliche Leben konzentrierte: Dort lagen die großen Fora, auf denen sich das juristische und politische Leben abspielte, dort lagen die großen Märkte, die Massen-Vergnügungsstätten wie Theater, Circus und Thermen und die bedeutenden Tempel, und dort lagen auch viele Einzelhäuser der reichen Patrone, denen man als Klient tagtäglich seine Aufwartung machen mußte. Manch einer, dessen Wohnung zu weit von der seines Gönners entfernt war, mußte sich schon im Morgengrauen auf den Weg machen; Leute, die zu den *officia antelucana*, «vor Tagesanbruch beginnenden Pflichten», unterwegs waren, traf man offenbar gar nicht so selten auf den Straßen Roms[172], bevor das Gewühl des Tages losbrach.

Eine Verkehrs-Infrastruktur, die einen raschen Transport von Vororten an der Peripherie der Stadt in die City ermöglicht hätte, gab es nicht. Bis auf die Begüterten, die sich in Sänften tragen ließen, mußte jeder Bürger zu Fuß gehen; und da spielten Entfernungen zwischen der Wohnung einerseits und Arbeitsplatz, Vergnügungsstätten, Geschäftsvierteln und dem Zentrum des öffentlichen Lebens andererseits eine ganz entscheidende Rolle. Auch wenn sich der ursprüngliche Siedlungsraum notgedrungen allmählich erweiterte, kam es doch nicht zur Bildung von Vorstädten, wie sie sich um Metropolen der Moderne legen: Von dort aus wäre der Weg ins Herz der Stadt einfach zu weit gewesen. Und im übrigen verhinderte jener Kranz von *villae suburbanae*, der sich an der Peripherie erstreckte, eine Ausweitung des Stadtgebietes. Diese Wohnlagen waren natürlich nur so lange begehrt, wie sich ihre Eigentümer an dem «Grüngürtel» erfreuen konnten, zu dem sich die Paläste mit ihren ausgedehnten Gartenanlagen und Feldern an der stadt*abgewandten* Seite verbanden.

Grundstücksspekulation und Mietwucher – Auswüchse eines umkämpften Wohnungsmarktes

Alles drängte demnach ins Zentrum. Und das setzte einen Teufelskreis in Gang, der die ohnehin dort schon herrschenden schlechteren Lebensbedingungen für die große Masse der

Römer noch weiter verschlechterte. Denn unter diesen Rahmenbedingungen gedieh eine Grundstücksspekulation, die die Preise für Bauland in der City in die Höhe trieb und das Mietzins-Niveau ebenfalls hochschnellen ließ. Diese unheilvolle Entwicklung setzte spätestens im 2. Jh. v. Chr. ein; damals wurden erste Klagen über hohe Mieten laut[173]. Bei den Methoden, sich renditeträchtige Immobilien im Herzen der Stadt zu beschaffen, war man angesichts der kontinuierlichen Wertzuwächse alles andere als zimperlich. Einer der berüchtigsten Spekulanten aller Zeiten war der steinreiche Crassus im 1. Jh. v. Chr. Den Grundstock zu seinem riesigen Vermögen legte er durch halbkriminelle Erpressung von Grundstückseignern: Brach irgendwo ein Brand aus, so bot Crassus die Dienste seiner privaten Feuerwehr an – aber erst, wenn ihm die schon brennenden Gebäude und die benachbarten Häuser, auf die die Flammen überzugreifen drohten, von den in Panik geratenen Eigentümern zu Spottpreisen übertragen worden waren – Praktiken, die schon im Altertum als unanständig und skrupellos empfunden wurden[174]. Wenn solche Bau- und Grundstückshaie schon mit besitzenden Bürgern so rüde umgingen, kann man sich leicht vorstellen, mit welchen Methoden die Hauseigentümer ihrerseits mit den Mietern umsprangen.

Zwar entspannte sich offenbar die Situation im Hinblick auf allzu anstößige Spekulationspraktiken dank der frühkaiserzeitlichen Gesetzgebung und der Aufstellung einer staatlichen Feuerwehr[175], doch änderte das nichts an der grundlegenden Misere, die durch das Mißverhältnis zwischen einer hohen Nachfrage nach Wohnraum und zu knappem Angebot ausgelöst wurde. Die Belastung des Familienbudgets durch die Miete war unverhältnismäßig hoch; die Klagen über Mietwucher und Ausbeutung durch die Eigentümer der *insulae* sind durchaus glaubwürdig[176]. Mit der Jahresmiete, die man in Rom für ein finsteres Loch zahlt, kann man in einer latinischen Landstadt ein prächtiges Haus erwerben, behauptet Juvenal[177] – sicher eine maßlose Übertreibung, die aber nur vor dem Hintergrund des für viele unerträglich hohen Mietpreisniveaus in der Hauptstadt Sinn macht. Es gibt Indizien dafür, daß die Mieten in Rom zur Zeit Caesars rund viermal so hoch waren wie im übrigen Italien[178]. In der frühen Kaiserzeit dürfte sich diese Kluft eher noch vergrößert haben, wobei auch sonst das Leben in der Metropole in jeder Hinsicht erheblich teurer war als anderswo[179]. Kein Wunder, daß mancher Mieter dem Zahltag entgegenzitterte; konnte er dem Agenten seines Hausbesitzers den fälligen Mietzins nicht aushändigen, dann mußte er mit sofortiger Ausweisung aus seiner Wohnung rechnen[180]. In ihrer Not ließen sich zahlungsunfähige Mieter mitunter sogar auf betrügerische Machenschaften des Eigentümers ein[181] – nur um in ihrer Wohnung bleiben zu dürfen, für deren Übernahme andere schon bereitstanden.

Leben im finsteren Wohnungs-«Loch» – Die Schattenseiten der *insulae*

Was da auf dem umkämpften Wohnungsmarkt der Hauptstadt so begehrt war und wofür der größte Teil des Einkommens aufgewendet werden mußte, das waren in den meisten Fällen kleine, ungemütliche, finstere Behausungen ohne jeden Wohnkomfort. Dunkle Treppenhäuser[182] führten zu kaum minder düsteren Wohnungen, in die durch kleine Fenster nur wenig Licht und Luft drang. Viele Fenster waren aus Kostengründen unverglast; bei anderen war das Glas zersprungen, oder sie schlossen nicht richtig[183]; je nach Jahreszeit litten die Bewohner unter Hitze oder Kälte. Die einzige Heizmöglichkeit stellten offene Kohlebecken dar; daß die daraus aufsteigenden Gase zumal angesichts der schlechten Belüftung der Wohnung nicht gerade gesundheitsfördernd waren, versteht sich von selbst. Fließendes Wasser gab es in den großen Mietshäusern nicht; sie waren anders als die prächtigen *domus* der Wohlhabenden in der Regel nicht ans Leitungsnetz angeschlossen. Die Bewohner der *insulae* mußten daher ihr Wasser aus öffentlichen Becken schöpfen; je nach Entfernung dieser Wasser-Reservoirs oder Brunnen war das ein mühevolles Geschäft – erst recht für alle, die in den höheren Stockwerken wohnten.

Um so verführerischer war es, wenigstens Unrat und Abfälle auf dem leichtesten Wege zu «entsorgen», indem man sie unter dem Schutze der Dunkelheit vielfach zum Fenster hinauswarf. Juvenals satirische Warnung, man solle bloß sein Testament gemacht haben, bevor man sich nachts unter Fenstern bewege[184], ist keineswegs sehr übertrieben, wie die intensive Beschäftigung der Juristen mit Körper- und Sachschäden im Gefolge solch illegaler Müllentledigung zeigt: In den «Digesten» ist ein langes Kapitel den Tätern gewidmet, «die etwas ausgeschüttet oder hinabgeworfen haben»[185]. Dabei bezieht sich das «Ausschütten» vornehmlich auf das Entleeren von Nachttöpfen, deren ekelhafter Inhalt oft genug auf wehrlose Passanten niedergesaust sein dürfte. Diese Praktiken weisen im übrigen auf das Fehlen einer weiteren sanitären Anlage hin: Die *insulae* hatten normalerweise keine Latrinen. Dafür standen öffentliche Bedürfnisanstalten zur Verfügung, für deren Benutzung allerdings ein geringes Entgelt zu bezahlen war. In manchen Mietshäusern waren unter den Treppenverschlag auch Bottiche gestellt, in denen Exkremente und Urin gesammelt wurden[186]. Praktisch, aber wenig hygienisch waren die Urin-Kannen, die Walkmüller in Hauseingängen oder vor ihren Werkstätten aufstellten, um ohne Kosten an den für ihr Gewerbe nötigen Urin zu kommen.

Man darf annehmen, daß es in vielen Wohnungen wenig appetitlich ausgesehen hat, daß sich Abfälle und Schmutz anhäuften, weil ja auch das Hochtragen von Putzwasser manch einem zu umständlich war und Ungeziefer sich breitmachte[187]. Ausdrückliche Quellenbelege gibt es dafür allerdings nicht. Anders dagegen im Hinblick auf die schlechtesten Wohnungen, die in einer Mietskaserne zu vergeben waren. Das waren zum einen die Dachmansarden, in denen man preiswerter wohnte, dafür aber den Launen der Witterung besonders ausgesetzt war[188]. Noch ungesünder waren Kellerwohnungen, die zum Teil unter den Läden und Werkstätten im Erdgeschoß lagen. Sie dienten nicht nur als Schlupfwinkel für lichtscheue Elemente und Hurenquartiere[189], sondern auch als billigstes Obdach der Allerärmsten, die sich dort in den Wintermonaten Erkältungskrankheiten und Rheumatismus zuzogen[190].

Lebenqualität boten diese trostlosen und überteuerten Wohnungen in den großen Mietskasernen also nicht. Dieses Urteil wird jedoch relativiert durch die unterschiedliche Erwartungshaltung der Römer gegenüber ihren Wohnungen; ihre Maßstäbe und Ansprüche waren nicht die unseren. Auch die Tatsache, daß sich die Reichen jeglichen Wohnkomfort leisten konnten, scheint bei der großen Masse der Bevölkerung normalerweise keine höheren Ansprüche begründet zu haben.

Hauseinstürze als Folgen krimineller Sparsamkeit

Größer war die Erbitterung über die lebensbedrohliche Unsicherheit des Wohnens in den *insulae*. Die Gefahren, die den Mietern drohten, hießen Einsturz des Gebäudes und Feuer. Solche Katastrophen waren in Rom geradezu an der Tagesordnung; sie gehörten zum Alltag der Großstadt und werden in den Quellen stets im gleichen Atemzug genannt. Von «verwandten, für Rom typischen Unglücken» spricht Plutarch; als übliche Schicksalsschläge neben Schiffbruch, Exil und ärztlichen Kunstfehlern nennt Seneca «Brand und Einsturz», und der Geograph Strabo führt die hektische Bautätigkeit im Rom der augusteischen Zeit hauptsächlich auf Einstürze und Brände zurück, die viel alte Bausubstanz zerstört hätten[191]. Kein Zweifel also, daß es sich dabei um gewissermaßen hauptstadtspezifische zivilisatorische Damokles-Schwerter handelte, die über den Köpfen fast aller Römer schwebten, mit Ausnahme der Habenichtse – denn Obdachlose, so eine sarkastische Bemerkung Catulls, bräuchten wenigstens Feuersbrünste und Hauseinstürze nicht zu fürchten[192].

Die engen, verwinkelten Straßen im Zentrum Roms, dessen Bebauung bis in die Kaiserzeit ohne urbanistische Planung und in mancher Hinsicht wild gewuchert war, erwiesen sich in Katastrophenfällen oft genug als Fallen, aus denen es kein Entrinnen gab[193]. Und sicher stand der chaotische Verkehr, der in der City herrschte, einem schnellen Eingreifen der Rettungsdienste zusätzlich im Wege, so daß den Opfern selbst beim besten Willen häufig erst spät – und für viele zu spät – geholfen werden konnte.

Aber mußte es überhaupt erst so weit kommen? Mußte man Hauseinstürze und Brände als schicksalhafte Ereignisse ansehen, die unkontrolliert über die wehrlosen Opfer hereinbrachen? Stellt man die Frage nach den Ursachen, so muß man zwischen den beiden Unglücksarten sehr wohl unterscheiden.

Das Zusammenbrechen ganzer Häuser brauchte man nämlich weder als Naturkatastrophe zu deuten, noch läßt es sich mit unzureichenden bautechnischen Kenntnissen römischer Ingenieure und Architekten erklären. Im Gegenteil: Es sind die Fachleute gewesen, die warnend ihre Stimme erhoben, sich aber vielfach gegen Spekulanten und habgierige Bauherren nicht durchsetzen konnten. Der Einsturz der meisten Häuser war auf schlechte Materialien zurückzuführen. Es wurde an allen Ecken und Enden gespart; Mauern und Wände wurden aus dünnem Holz oder Fachwerk gebaut, das, wie Architekten sehr wohl wußten, für Risse sehr anfällig war[194]. Und traten solche Risse in Erscheinung, klafften in den schiefen Wänden der Mietskasernen tiefe Löcher, knackten die Balken verdächtig oder kündigte sich ein drohender Einsturz auf andere Weise an, dann trat der Hausverwalter im Auftrage des Eigentümers in Erscheinung. Er überstrich die klaffenden Risse mit Farbe, betrieb hier und da noch ein bißchen zusätzliche Wandkosmetik – und versicherte den besorgten Hausbewohnern dann, nun bräuchten sie sich keine Sorgen mehr zu machen und könnten wieder ruhig schlafen[195]. Was blieb den Mietern angesichts der Wohnungsnot übrig, als seinen Worten Glauben zu schenken – bis sie sich beim Einsturz des Hauses als hohles, kriminelles Geschwätz entpuppten?!

Jeder, der Vitruvs Standardwerk «De architectura» gelesen hat, weiß, mit welcher Sorgfalt die Baumeister des Altertums Baustoffe erprobten und statische Berechnungen durchführten. Wer sich daran hielt, hatte die Gewähr für einen soliden Bau – vorausgesetzt, es war eben nicht *avaritia*, Habgier, im Spiele, wie Vitruv ausdrücklich vermerkt[196]. Nur war bei sehr vielen Investoren gerade diese *avaritia* der entscheidende Grund ihrer Investition: Es ging darum, vom Wohnungsmangel der Hauptstadt zu profitieren, Gewinne zu machen und deshalb möglichst geringe Herstellungskosten zu haben. Wie sehr es den Besitzern um den Gewinn und wie wenig es ihnen um die betroffenen Menschen ging, zeigt die Kälte, mit der Cicero den drohenden Einsturz weiterer Mietshäuser quittiert, nachdem ihm zwei schon in Trümmern liegen: Die Mieter sind aus Angst schon ausgezogen – und ebenso die Mäuse, fügt er als offenbar humorvolle Bemerkung hinzu. Und obwohl ihn als philosophisch Gebildeten ein solches Malheur angeblich nicht anficht, wird bei der Reparatur aber fein darauf geachtet, daß für ihn am Ende mehr herausspringt als zuvor[197].

Eine andere Auswirkung skrupelloser Profitgier war das Bestreben, sich über geltende Baugesetze hinwegzusetzen und höher zu bauen, als es erlaubt war. Natürlich war es angesichts des knappen Bauareals in der City attraktiv, möglichst viele Stockwerke aufeinanderzutürmen; gegenüber heutigen Verhältnissen in begehrten Innenstadtlagen waren da nur die Dimensionen verschieden. Das allerdings in ganz beträchtlichem Umfang: Die römischen *insulae* dürften kaum mehr als maximal acht Stockwerke erreicht haben. Solche Höhen hätten in der Kaiserzeit allerdings schon den gesetzlichen Bestimmungen nicht mehr entsprochen. Augustus begrenzte die Höhe der Gebäude auf siebzig Fuß (ca. 21 m), das heißt eine Anzahl von maximal sechs Stockwerken[198]. In trajanischer Zeit wurde die höchste zulässige Höhe auf sechzig Fuß gesenkt – möglicherweise eine Reaktion auf die vielen Einstürze von Häusern, die oftmals auf viel zu schwachen Fundamenten standen. Ob sich die Bauherren wirklich an diese Höchstgrenzen gehalten haben, steht dahin. Möglicherweise wurden sie nur für die Fassade akzeptiert, während sich auf der der Straße abgewandten Seite weitere Stockwerke erhoben. Es gibt jedenfalls recht deutliche Indizien dafür, daß die gesetzlichen Werte überschritten worden sind – auch wenn man Martials «200 Stufen» (ca. 30 m) eine gewisse poetische Freiheit zubilligen muß[199].

War das Wachstum der Häuser nach oben ursprünglich eine sinnvolle Maßnahme, um die höheren Bauplatzkosten für City-Grundstücke aufzufangen, und konnte Vitruv gegen Ende der Republik die Wohnungen in den oberen Geschossen noch als «hervorragend wegen ihrer Aussicht» charakterisieren[200] – wobei er allerdings *ad maiorem Urbis gloriam* die Augen vor den ihm sehr wohl bewußten Risiken verschloß –, so hatten verantwortungslose Spekulanten und gierige Miethaie den Wohnwert und die Sicherheit der *insulae* einige Jahrzehnte später so ruiniert, daß jedermann Juvenals Wort von dem «zum großen Teil mit schwachen Pfeilern gestützten Rom»[201] als bittere Anspielung auf die Brüchigkeit vieler Wohngebäude verstand. Ob sich übrigens die «Sparsamkeit» der Eigentümer beim Bau und bei der Instandhaltung der Mietskasernen wirklich ausgezahlt hat, ist fraglich. Denn wenn ihr Spar-Bau in sich zusammengestürzt war, standen sie gleichzeitig vor dem Ruin ihrer Investition: Versicherungen gegen Einsturz und Brand von Wohngebäuden gab es nicht; das in den Bau investierte Kapital lag damit unter den Trümmern begraben. Auf der anderen Seite setzte gerade dieses wirtschaftliche Risiko den Teufelskreis erst recht in Gang: Je mehr ein Bauherr bei der Sicherheit sparte, um so günstiger war der Baupreis, und um so rascher war er durch die Mieteinnahmen amortisiert. Daß freilich in diese nüchterne Risiko-Nutzen-Erwägungen Gesundheit und Leben der Hausbewohner nicht mit eingingen, verleiht diesen Kalkulationen eine abstoßende, menschenverachtende Dimension.

Mangelhafter Brandschutz – Die zynische Antwort auf verheerende Feuersbrünste

Erst recht trifft das auf die ausgesprochen mangelhaften Brandschutz-Vorkehrungen zu. Auch hier wurde auf Sparsamkeit Wert gelegt, auch hier wurde Sicherheit klein geschrieben. Da wurde hier noch ein hölzerner Anbau an die Vorderfront angefügt, dort entstanden hölzerne Verschläge in den Hinterhöfen, und da man billige, schlechte Baumaterialien als Fundament verwendet hatte, war man häufig gezwungen, die oberen Stockwerke aus vergleichsweise leichtem Holz-Material zu bauen. «Fachwerk *(craticius)*, wünschte ich, wäre nie erfunden worden», klagt Vitruv und begründet das mit der von diesem Baustoff ausgehenden Brandgefahr: «Soviel Vorteil es nämlich durch die Schnelligkeit der Ausführung und durch die Erweiterung des Raumes bringt, desto größer und üblicher ist der Nachteil, den es mit sich bringt, weil es bereit ist, wie Fackeln zu brennen. Es scheint daher besser zu sein», rät er den Bauherren, «die höheren Kosten des Backsteinbaus zu tragen, als durch die Ersparnis beim Fachwerkbau in Gefahr zu schweben [202].»

Kluge Worte eines Fachmanns, die jedoch in den Wind gesprochen waren: Kurzfristiger Profit stand bei vielen Eigentümern von Mietshäusern höher im Kurs als vernünftige Brandschutzmaßnahmen. Da nun in diesen bauseits äußerst brandgefährdeten Häusern ständig mit offenem Feuer hantiert wurde – mit Kerzen und Fackeln zur Beleuchtung und glühenden Kohlebecken zum Heizen und Kochen –, bestand stets extreme Feuergefahr.

Schon in der Zeit der Republik ist Rom regelmäßig durch schwere Brandkatastrophen heimgesucht worden. Ganze Straßenzüge wurden ein Raub der Flammen, mitunter verwüstete das Feuer sogar noch größere Flächen [203]. Trotz dieser häufigen Brände wurde eine einigermaßen wirkungsvoll operierende, professionelle Feuerwehr erst von Augustus geschaffen [204]: Die siebentausend *vigiles* hatten Brände zu bekämpfen, aber auch nachts die Sicherheit auf den Straßen der Hauptstadt zu gewährleisten. Die Einrichtung dieser Truppe war überfällig gewesen, nicht zuletzt, um Mieter und Hauseigentümer vor skrupellosen Geschäftemachern zu schützen, die ihre Privatfeuerwehren erst einzusetzen pflegten, wenn sie am Unglück anderer verdienen konnten.

Gleichwohl ging die Zahl der Brände nicht nennenswert zurück. Irgendwo in der Stadt brannte es jeden Tag; diese begrenzten Schadensereignisse werden indes von den Historikern verständlicherweise nicht überliefert: Das war der unspektakuläre Alltag, schlimm genug für die Betroffenen, aber doch gewissermaßen ohne historischen Nachrichtenwert. Anders sah es mit den verheerenden Feuersbrünsten aus, die von Zeit zu Zeit über Teile der City hinwegfegten, große Zerstörungen anrichteten und viele Menschenleben kosteten: Es verging im 1. Jh. n. Chr. kein Jahrzehnt, in dem nicht mindestens eine derartige Katastrophe über die Hauptstadt hereingebrochen wäre; nicht selten finden sich in den Annalen der Historiker gleich mehrere dieser «erwähnenswerten» Brände[205]. Kein Zweifel, daß sie das Leben der Römer ständig bedrohten: «Bei Tag und Nacht fürchten sie sich ängstlich vor Einsturz und Feuer», resümiert Seneca[206], und Juvenals Wunsch, die Großstadt doch hinter sich lassen und an einem Ort leben zu können, «wo kein Feuer wütet und keine Angst (vor Alarm) in der Nacht herrscht»[207], wird vor diesem Hintergrund sehr verständlich.

Löschwasser mußte, wenn es in einer *insula* brannte, erst mühsam aus dem nächstgelegenen öffentlichen Reservoir herbeigeschafft und dann unter Umständen über enge, dunkle Treppenhäuser mehrere Etagen hoch geschleppt werden. Zudem wurden die Rettungs- und Löscharbeiten in den verwinkelten, engen und häufig verstopften Straßen des Stadtzentrums stark behindert. Bis die Feuerwehr sich zum Brandherd vorgekämpft hatte, standen deshalb oft auch schon die Nachbargebäude in Flammen, zumal wenn das Verbot gemeinsamer Zwischenwände von den Bauherren der Mietshäuser aus Kostengründen mißachtet worden war[208].

Die Brandkatastrophe des Jahres 64 – und die Lehren daraus

Wichtige Voraussetzungen für eine bessere Brandbekämpfung schuf ironischerweise ein Ereignis, das den dunkelsten Punkt in der unrühmlichen Geschichte der Feuerkatastrophen Roms markiert: Die entsetzliche Feuersbrunst, die im Jahre 64 n. Chr. über die Stadt hereinbrach. Das Feuer begann in der Nacht vom 18. auf den 19. Juli am Circus Maximus; es wütete sechs Tage lang, bevor es scheinbar unter Kontrolle war, und tobte dann noch einmal drei Tage – im ganzen neun furchtbare Tage, in denen es sich wie eine gewaltige Zerstörungswalze durch die gesamte Stadt arbeitete. Panik ergriff die Menschen. Welche erschütternden Szenen sich inmitten der lodernden Flammenhölle abspielten, zeigt der Bericht des Tacitus:

«Mit Ungestüm durchraste das Feuer zunächst die ebenen Stadtteile, stieg dann auf die Anhöhen hinauf und kam, wiederum die tiefer liegenden Gebiete verheerend, den Abhilfemaßnahmen durch die Schnelligkeit des Verderbens zuvor; zudem war die Stadt durch die engen und sich hin- und herwindenden Gassen mit den unregelmäßigen Häuserreihen gefährdet, wie das alte Rom nun einmal war. Dazu das Jammergeschrei der verängstigten Frauen, altersschwachen Leute oder hilflosen Kinder und Menschen, die sich selbst oder anderen helfen wollten, indem sie Kranke wegschleppten oder auf sie warteten, teils zögerlich, teils in Eile: All das behinderte die Brandbekämpfung. Oft wurden Leute, während sie nach rückwärts schauten, auf der Seite oder von vorn vom Feuer eingeschlossen oder fanden, wenn sie in die nächsten Gassen entkommen waren und auch diese vom Feuer erfaßt waren, sogar Straßenzüge, die sie für weit entfernt gehalten hatten, im selben Zustand vor. Schließlich waren sie ratlos, welche Gegend sie meiden und welche sie aufsuchen sollten; so verstopften sie die Straßen oder warfen sich auf den Feldern zu Boden. Einige fanden, nachdem sie ihre gesamte Habe, darunter auch den täglichen Lebensbedarf, verloren hatten, andere aus Liebe zu ihren Angehörigen, die sie den Flammen nicht hatten entreißen können, den Tod, obwohl ihnen ein Fluchtweg offengestanden hätte.[209]»

Die Bilanz der Katastrophe war niederschmetternd: Von den vierzehn Bezirken, in die Rom eingeteilt war, waren ganze vier vom Feuer verschont geblieben; drei wurden von Grund auf zerstört, und in den sieben anderen waren «nur wenige Häuserreste stehengeblieben, mit Rissen und halb verbrannt»[210]. Die materiellen Schäden, die die Feuersbrunst angerichtet hatte, waren unübersehbar. Über die Zahl der Opfer an Menschenleben liegen keine Nachrichten vor; sie dürfte aber in die Tausende gegangen sein.

Nero, von vielen – wohl zu Unrecht – als Urheber des Feuers verdächtigt, bemühte sich auf zweifache Weise, der Wut und dem Haß gegen ihn als vermeintlichen Auftraggeber einer Brandstiftung wirkungsvoll zu begegnen. Zum einen, indem er die Christen als Sündenböcke präsentierte, um die gefährlichen Emotionen von sich wegzulenken, und zum anderen, indem er die Wiederaufbauarbeiten nicht nur großzügig aus eigenen Mitteln unterstützte, sondern sich auch energisch dafür einsetzte, aus den Sünden der Vergangenheit zu lernen und effizienteren Brandschutz zu betreiben.

Die urbanistischen Möglichkeiten, die sich durch die riesigen Zerstörungen boten, wurden tatsächlich genutzt: Die Straßen wurden breiter und gerader angelegt, der architektonische Wildwuchs in Form von Anbauten und Verschlägen zugunsten glatter Häuserfronten untersagt und die Abstände zwischen den Häusern teilweise durch den Bau von Säulengängen vergrößert. Baupolizeiliche Verschärfungen betrafen die zulässige Höhe der Mietshäuser (60 Fuß), Vorschriften über die Verwendung feuerfester Baustoffe, das Verbot gemeinsamer Gebäudewände und Maßnahmen, die auf eine schnelle Verfügbarkeit von Wasser und Löschgeräten im Brandfall zielten[211].

Wieviel von diesem gut gemeinten Vorschriften-Katalog realisiert wurde, steht dahin. Sofern öffentliche Stellen etwa im Bereich der städtebaulichen Regelungen damit befaßt waren, darf man wohl mit einer ordentlichen Umsetzung in die Praxis rechnen. Was die Gesetzestreue privater Bauherren angeht, dürfte große Skepsis angebracht sein, hören doch die Klagen über mangelhafte Sicherheit gerade der großen

Mietshäuser in der Folgezeit keineswegs auf. Und ob nicht gerade die Eile, mit der die Stadt nach dem Neronischen Brand wiederaufgebaut wurde, und die durch die Katastrophe zusätzlich gesteigerte Wohnraumnot gewissenlosen Spekulanten in die Hände arbeiteten, ist sicher keine abwegige Frage.

Jedenfalls blieb Rom auch in den nächsten Jahrzehnten von der Geißel schlimmer Feuersbrünste nicht verschont. Schon im Jahre 80 brach im Raume des Marsfeldes ein Feuer aus, das drei Tage und Nächte lang wütete[212]. Und auch Martials flehentliche Bitte an Vulkan, die Stadt, die sich verjüngt wie der Vogel Phoenix aus der Asche der großen Brände der Vergangenheit erhoben habe, künftig zu verschonen[213], blieben unerhört. Nach zahlreichen Bränden geringeren Ausmaßes vernichtete im Jahre 192 ein riesiges Feuer erneut große Teile der Hauptstadt[214] – und auch dies blieb nicht die letzte Brandkatastrophe, von der Rom heimgesucht wurde.

Umweltbelastung – eine Variable des sozialen Status

In den seltensten Fällen waren diese Feuersbrünste unabwendbare Naturereignisse, denen die Menschen hilflos ausgeliefert gewesen wären. Gewiß, Blitzeinschläge, große Hitze und Selbstentzündungen haben manchen Brand auf natürlichem Wege ausgelöst. Eine größere Zahl von Feuern aber und vor allem das Ausmaß und die verheerenden Folgen dieser Brände waren Ergebnisse einer großstädtischen Zivilisation, die Gefahren für die Menschen und Beeinträchtigungen ihres Lebensraumes vielfach hemmungslosem Gewinnstreben zuliebe in Kauf nahm.

Daß sich die Auswirkungen dieser Mentalität sehr ungleich verteilten, indem für die materiell schlechter gestellten Schichten das Wohnen in den besonders gefährdeten Mietskasernen risikoreicher war, paßt durchaus ins Bild: Diejenigen, die von den baulichen «Umweltsünden» im antiken Rom am meisten profitierten, konnten es sich erlauben, in sicheren palastartigen Häusern mit stabilen Wänden, eigenem Wasseranschluß und brandhemmendem Abstand von Nachbargebäuden zu leben. Sicherlich blieben, wenn ein ganzes Viertel in Flammen stand, auch diese *domus* nicht verschont. Aber es mußte die Ärmeren schon zusätzlich verbittern, wenn ausgerechnet die Wohlhabenden dann mit üppigen staatlichen Subventionen und großzügigen Spenden von Privatleuten, ihren Klienten beispielsweise, rechnen und mitunter sogar unter dem Strich noch einen Gewinn verbuchen konnten[215].

«Dicke Luft» über Rom – Blasser Teint dank Smog

Nicht nur wenn beim Ausbruch eines Feuers schwarze Rauchwolken den Himmel über Rom verfinsterten, war die Atmosphäre über der Hauptstadt durch Ruß und ungesunden Qualm belastet. Auch in Normalzeiten herrschte in Rom geradezu eine «dicke Luft»; ließ man sie anläßlich einer Reise hinter sich, so konnte man besser durchatmen. Diese *gravitas urbis*, die «erdrückende Luft der Stadt», erklärt Seneca mit einer Art Smog-Gemisch aus dem Geruch qualmender Küchen und Wolken von Straßenstaub, die sich zu «verpestenden Dämpfen» vermischten. «Kaum war ich dieser drückenden Luft entronnen...», schildert er sein Gefühl, «da verspürte ich sofort eine Besserung meines Befindens. Kannst du dir», fährt er begeistert fort, «die Steigerung meiner Kräfte vorstellen, als ich dann die Weinberge erreichte! (...) Die Mattigkeit des nicht völlig gesunden Körpers und die Unfähigkeit, einen klaren Gedanken zu fassen – sie waren wie weggeblasen.[216]»

Den unangenehmen Rauch *(fumus)*, der in einer dicken Wolke über der Stadt hing, erwähnt schon Horaz in augusteischer Zeit[217]. Wahrscheinlich trugen, wenn der Wind die wenig appetitlichen Geruchswolken in Richtung Stadt trieb, auch die Leichenverbrennungen in den *ustrina* außerhalb der Mauern zu der berüchtigten schlechten Luft Roms [218] bei. Aus den ummauerten Plätzen, auf denen die Scheiterhaufen errichtet wurden, stiegen üble Gerüche auf, die durch die relativ niedrigen Temperaturen und die dadurch langsame Verbrennung der Leichen noch intensiviert wurden. Zwar wurden die *ustrina* in der Zeit des Augustus weiter an die Peripherie verlegt, und der Esquilin, bis dahin ein citynaher Begräbnisplatz, wurde in eine Grünanlage umgewandelt, doch dürfte die Belastung der Luft über Rom auch durch die häufigen Leichenverbrennungen nicht unbeträchtlich gewesen sein.

Die ungesunden Dämpfe aus diesen Quellen verbanden sich mit der ohnehin von Krankheits-, insbesondere Malariakeimen durchseuchten Luft Roms zu jener von Seneca beklagten *gravitas*, die das Atmen in der Metropole erschwerte. Kein Wunder, wenn man den Römern diese Umweltbelastung ansah: Ein blasses Gesicht und eine fahle Hautfarbe ließen den Großstädter erkennen. Und selbst wenn jemand die Hauptstadt für einige Zeit verließ, um auf dem Lande «mit gieriger Haut Sonne zu tanken», half ihm das nach seiner Heimkehr wenig: «Doch die Farbe, die dir die Reise verliehen, wird dir Rom schnell rauben, magst du auch schwarz zurückkehren mit dem Gesicht wie die Leute vom Nil [219]» – das war ein weiterer Preis, den man für das Leben in der umweltgeschädigten Atmosphäre Roms zahlen mußte.

Wasserversorgung auf hohem Standard

Zu den positiven Seiten der städtischen Zivilisation zählte dagegen der vergleichsweise hohe Hygiene-Standard im kaiserzeitlichen Rom. Erreicht wurde er vor allem durch eine ungewöhnlich gute Wasserversorgung. Hatten die Römer der Frühzeit sich mit Tiberwasser begnügen müssen, so ließ schon im Jahre 312 v. Chr. der Zensor Appius Claudius Caecus die erste Wasserleitung bauen. Sie führte von Quellen an der Via Praenestina über 16,5 km ins Zentrum der Stadt. Nur vier Jahrzehnte später entstand die *Anio Vetus*, die das gute Wasser des im Apennin entspringenden Anio über eine Entfernung von über 60 km nach Rom leitete. Eine Vielzahl weiterer Wasserleitungen, die meisten von ihnen im ersten vor- und im ersten nachchristlichen Jahrhundert angelegt, kam hinzu und versorgte die Hauptstadt im ersten Jahrhundert n. Chr. mit einer Tageskapazität von 560720 Kubikmetern[220]. Das entspricht einem Pro-Kopf-Verbrauch von rund 500 Litern – der doppelten Menge, die, rechnet man den industriellen Bedarf ab, heute dem einzelnen in europäischen und amerikanischen Städten zur Verfügung steht[221].

Natürlich floß ein Großteil dieses in Rom «ankommenden» Wassers in die Thermenanlagen und wurde damit privater Nutzung entzogen. Ein weiterer Teil ging direkt an die privilegierten Haushalte der *domus*, die an das öffentliche Wassernetz angeschlossen waren. Die große Masse der Bevölkerung hatte dagegen keinen eigenen Wasseranschluß, doch war das Netz der *lacus* («Seen») und Brunnen als öffentlich zugängliche Schöpfstellen recht engmaschig über das Stadtgebiet ausgebreitet. Engpässe in der Wasserversorgung traten mitunter in den höher gelegenen Teilen der Stadt auf; und lange Zeit war das auf dem rechten Tiberufer gelegene Viertel «Trans Tiberim» benachteiligt – es erhielt erst seit dem Bau der *Aqua Traiana* im Jahre 109 n. Chr. sein erstes Quellwasser. Im ganzen aber war die Wasserversorgung zwar mühseliger als heute, weil die meisten Leute nicht einfach nur den Hahn auf- und zudrehen konnten, doch standen stets ausreichende Mengen zur Verfügung. Wer nicht selbst zu den Reservoirs gehen wollte, konnte damit gegen geringes Entgelt speziell dafür zur Verfügung stehende Sklaven, die *aquarii* («Wasserträger»), beauftragen. Sie schleppten die Wassereimer direkt bis in die Wohnungen und waren wohl recht häufige «Gäste» – jedenfalls wenn man Juvenal Glauben schenken will, der sie als «Tröster» einsamer Hausfrauen apostrophiert[222].

Bezeichnend für den hohen Standard der Wasserversorgung ist auch das Urteil der Römer selbst. Umweltkritische Stimmen, wie wir sie zu anderen Aspekten des Großstadtlebens kennengelernt haben, sind hier nicht zu hören. Im Gegenteil: Der Stolz auf die technischen Errungenschaften der großen Wasserleitungen war groß. «Wenn jemand die Fülle des Wassers an öffentlichen Plätzen, in den Bädern, den Bassins, den Kanälen, den Stadthäusern, Gärten und Villen der Vorstadt ... richtig einschätzt», rühmt der Naturforscher Plinius, «dann wird er zugeben, daß es auf der ganzen Welt niemals größere Wunderwerke gegeben hat als die römischen Aquädukte.[223]»

Den hygienischen Fortschritt, den der Ausbau des Wassernetzes in der Kaiserzeit bedeutete, hebt Frontin hervor. Mag er auch als «Generaldirektor der Wasserversorgung» von Rom *(curator aquarum)* Partei sein und seinem Dienstherrn Nerva schmeicheln wollen, so läßt sich seine Feststellung im Kern nicht bestreiten: Die Gesundheit der Ewigen Stadt sei durch Nervas zielstrebige «Wasser-Politik» gestiegen, meint Frontin, und die Luft sei reiner und weniger drückend geworden[224].

Ein «Tiefstand der Hygiene»? – Polemik versus Wirklichkeit

Um so überzogener und maßloser wirken die polemischen Ausführungen, zu denen sich L. Mumford unter der bezeichnenden Überschrift «Kloake und Aquädukt» über die hygienischen Verhältnisse im kaiserzeitlichen Rom versteigt. Daß Rom in dieser Hinsicht «jämmerlich versagt» habe, daß man gar bei der Betrachtung dieser Zustände «seine Kehle vor dem aufsteigenden Brechreiz... verschließen» müsse, daß schließlich in Rom ein «Tiefstand der Gesundheitspflege und Hygiene, auf den primitivere Gemeinwesen niemals abgesunken sind», erreicht worden wäre [225] – das alles sind griffige Formulierungen, die indes nicht haltbar sind. Die Kritik schießt weit über das Ziel hinaus, weil sie offensichtlich falsche Vergleichsmaßstäbe anlegt und die technischen Möglichkeiten der Antike überschätzt. Mit Recht ist gerade aus der Perspektive der Technik hervorgehoben worden, daß die Wasserversorgung Roms, verglichen mit jedem anderen europäischen Standard bis ins 19. Jahrhundert hinein, sehr reichlich war und speziell in der Hauptstadt des Reiches der Gipfel der antiken Wasserversorgungstechnik erreicht worden ist [226].

Mumford führt zur Stützung seiner These unter anderem die «Pest»-Epidemien an, die die Stadt des öfteren heimgesucht haben. Einige dieser Epidemien hatten in der Tat schreckliche Ausmaße: Auf dem Höhepunkt der Seuchen wurden täglich mehrere tausend Menschen dahingerafft. «Die Häuser füllten sich mit Toten», berichtet Tacitus von der großen Pest des Jahres 65 n. Chr., «die Straßen mit Leichenzügen; kein Geschlecht, kein Alter entging der Gefahr» [227], und im ganzen forderte die Seuche in einem einzigen Herbst über 30000 Opfer [228]. Noch verheerender war die Epidemie, die Rom im Jahre 167 von Osten her erreichte und mit Unterbrechungen bis zum Jahre 180 tobte; damals mußte man die Leichen auf Lastwagen haufenweise aus der Stadt schaffen [229].

Der Grund dafür, daß solche «Pest»-Seuchen sich so verhängnisvoll ausbreiten konnten und der Tod dann so reiche Ernte hielt, ist indes nicht in den angeblich besonders schlechten hygienischen Verhältnissen der Hauptstadt zu suchen, die in Wirklichkeit eher besser waren als im übrigen Römischen Reich. Gleichwohl ist die Ursache dafür, wenn man so will, umweltbedingt: Es war das Zusammenleben so vieler Menschen auf engstem Raum, das die Ansteckungsgefahr extrem steigerte. Man kann sich vorstellen, welchen Infektions-Nährboden die Krankheitskeime im Menschengewühl der City fanden – und wenn die Seuche einmal in die Millionenstadt Einlaß gefunden hatte, dann reichten die sanitären und hygienischen Verhältnisse Roms und die medizinischen Kenntnisse wahrhaftig nicht aus, um ihrem Wüten wirkungsvoll Einhalt zu gebieten. Insofern teilte das kaiserzeitliche Rom das Umwelt-Schicksal und erhöhte Risiko furchtbar grassierender Volksseuchen mit allen anderen dichtbesiedelten Metropolen der Welt bis ins 19. Jahrhundert. Daß die ohnehin schon malariaschwere Luft über Rom in Zeiten akuter «Pest»-Wellen die Wucht der Epidemie noch verstärkte, scheint sicher – nicht von ungefähr beobachtet ein antiker Autor, daß «die schweren Krankheiten in der Hauptstadt der Welt schlimmer wüten»[230], womit er den unheilvollen, sich gegenseitig verstärkenden Effekt natürlicher und zivilisatorischer Belastungen gut auf den Punkt bringt.

Kloaken und Latrinen – Stätten der «Entsorgung»

Nicht ganz so gut wie bei der Versorgung mit Wasser sah es im Bereich der sanitären Entsorgung aus, wenngleich sich diese Umweltprobleme durchaus in Grenzen hielten. Die früheste Kanalisation, die die Entfaltung des öffentlichen Lebens in der sumpfigen Forumsniederung erst ermöglicht hatte, war die berühmte *cloaca maxima.* Sie wurde noch in der etruskischen Zeit Roms im 6. Jh. v. Chr. gebaut und diente fortan als wichtigstes Entwässerungssystem der Stadt, über das neben Regen- und Grundwasser auch Fäkalien und Schmutzwasser in den Tiber geleitet wurden. Als «Sammelort für allen Unrat der Stadt» rühmt Livius sie[231], und daß sie heute noch in das Kanalisationsnetz der Ewigen Stadt einbezogen ist, macht schlaglichtartig ihre Bedeutung in den zweieinhalb Jahrtausenden ihres Bestehens klar.

Weitere Kloaken-Kanäle wurden im 1. Jh. v. Chr. gebaut, so daß schon in augusteischer Zeit ein recht umfangreiches, leistungsfähiges Kanalisationssystem existierte, für dessen Instandhaltung hohe Beträge aufgewendet wurden[232]. Um Verstopfungen der Kanäle zu vermeiden, leitete man in der Kaiserzeit regelmäßig einen Teil des in den Aquädukten «einlaufenden» Wassers in die Kloaken. Sie wurden so geradezu wie von reißenden Flüssen durchspült und freigehalten[233].

Freilich: Der Tiber dürfte angesichts der hohen Konzentration von Abfällen und Schmutzwasser, das über die Kanäle in ihn gelangte, im Stadtgebiet Roms schon damals eher eine trübe, dreckige Brühe gewesen sein. Unentwegte mochten zwar nach wie vor im Tiber baden[234], die große Mehrzahl der Schwimmer zog es indes wohl auch aus hygienischen Gründen vor, die verlockenden Badeangebote der großen Thermen zu nutzen. Unangenehm – und unhygienisch – wurde es, wenn der Tiber Hochwasser führte. Dann überschwemmten die Fluten des Stromes nicht nur die niedrig gelegenen Stadtgebiete, sondern es bestand auch große Rückstau-Gefahr: Vieles von dem, was zuvor in die Kanalisation gelangt war, wurde dann auf die Straßen zurückgeschwemmt[235]; keine schöne Vorstellung, wenn man sich klarmacht, daß außer Latrinenrückständen auch Tierhäute, Aas und ähnlich eklige Abfälle wieder auftauchten. Wie wenig wählerisch man bei «Entsorgungs»-Aktivitäten via Kloaken war, zeigt die Nachricht, daß erbitterte Soldaten die Leiche des von ihnen ermordeten Kaisers Elagabal im Jahre 222 n. Chr. in eine Kanalöffnung zu werfen versuchten. Der Leichnam paßte jedoch nicht hinein, so daß man sich entschied, ihn von einer Brücke aus gleich in den Tiber zu werfen[236].

Aus moderner Sicht gewiß unzureichend, im ganzen aber erstaunlich fortschrittlich und relativ hohen hygienischen

Standards verpflichtet war auch das Latrinenwesen im antiken Rom. Noch zu Beginn unseres Jahrhunderts konnte ein Wissenschaftler feststellen: «Am meisten zu ihrem Vorteil dürften sich die antiken italienischen Städte von den modernen durch ihr Latrinenwesen unterschieden haben. [237]» Welche Abstriche wegen des Fehlens von Toiletten in den allermeisten Privatwohnungen zu machen sind und welche unappetitliche Art privater Umweltverschmutzung das zum Teil mit sich brachte, ist schon dargestellt worden [238]. Wer sich jedoch als anständiger Mitbürger benehmen wollte, dem standen öffentliche Bedürfnisanstalten zur Verfügung. Im gesamten Stadtgebiet gab es davon im 4. Jh. n. Chr. 144; über 100 weitere *necessaria* lagen in der Nähe der Aurelianischen Stadtmauer [239]. Hinzu kam eine wahrscheinlich große Zahl von Privatleuten betriebener öffentlicher Toiletten, die sich durch den Verkauf von Urin an Gerber und Walker finanzierten – ein Geschäft, an dem der Fiskus ebenfalls partizipierte, seit Vespasian eine Urinsteuer eingeführt und am Geruch des *Geldes* daraus keinen Anstoß genommen hatte [240].

Hygiene und Komfort der öffentlichen Latrinen waren, wenn man den Befund über die in den Thermen ausgegrabenen Anlagen verallgemeinern darf, recht gut. Eine kontinuierliche Spülung sorgte für eine schnelle und saubere Beseitigung der Fäkalien, die dicht nebeneinander liegenden Marmorsitze wurden im Winter zumindest in einigen Bedürfnisanstalten durch Hypokaustenheizung erwärmt. Auch wenn man Martials Spottverse auf Vacerra, der ganze Tage auf öffentlichen Toiletten verbringe, um dort von Zufallsbekanntschaften Einladungen zum Essen zu erhalten [241], *cum grano salis* verstehen muß, sind sie zumindest als Indiz dafür zu werten, daß solche Anlagen nicht allzu ekelerregend und schmutzig waren.

Was freilich Akzeptanz und Frequentierung der Latrinen angeht – Gesichtspunkte, denen im Rahmen der Umwelt-

Problematik besondere Bedeutung zukommt –, lassen sich keine zuverlässigen Aussagen machen. Daß nicht jeder öffentliche Toiletten aufgesucht hat, ist sicher. Daher wird man schon davon auszugehen haben, daß Straßen und Plätze von menschlichen und tierischen Fäkalien nicht ganz frei waren. Nichts berechtigt uns jedoch, die Bezeichnung «offene Kloake» mit Mumford als Symbol für die hygienischen Verhältnisse im kaiserzeitlichen Rom zu verwenden – dafür ist die Millionenstadt am Tiber mit ihren Umweltproblemen in *dieser* Hinsicht erfreulicherweise zu gut fertig geworden.

Opfer des Molochs – Krankheit und Tod durch Großstadtstreß

Ziehen wir Bilanz! Es dürfte deutlich geworden sein, daß die Klagen Juvenals über die umweltbedingten Probleme des Lebens im kaiserzeitlichen Rom einen sehr realen Hintergrund haben. Die satirische Zuspitzung liegt vor allem in der Konkretheit und Anschaulichkeit, die sich aus der persönlichen Perspektive eines geplagten Zeitgenossen ergeben, der sich tagein, tagaus mit diesen unerfreulichen Erscheinungen des Großstadtdaseins abmüht. In der Sache dagegen bringt Juvenal die Dinge zuverlässig auf den Punkt; andere Quellen bestätigen das von ihm gezeichnete Bild durchaus.

Danach litten die meisten Römer vor allem unter dem Streß, den das Menschengewühl in der City verursachte, dem Krach, der Tag und Nacht die Nerven strapazierte, der Luftverschmutzung durch Rauch- und Staubwolken, die die ohnehin eher ungesunde Luft über der Hauptstadt zusätzlich belastete, den gesundheitlichen Gefährdungen, die das Wohnen in dunklen, zugigen, ungemütlichen Wohnungen mit sich brachte, und schließlich der ständigen Sorge und Angst vor Unglücksfällen wie Hauseinstürzen und Bränden, deren Zahl sich bei gewissenhafterer Beachtung der Baugesetze, geringerer Profitgier der Eigentümer und einer entspannteren Situation auf dem Wohnungsmarkt der Metropole deutlich hätte verringern lassen. Dabei gilt als Faustregel, daß die Umweltgefährdung des einzelnen zunahm, je schwächer seine soziale Stellung war; Wohlhabende konnten sich manchen Belastungen ganz, anderen zumindest zeitweise entziehen.

Schon im Altertum hat man erkannt, daß einige oder auch die Summe dieser Streßfaktoren die Menschen krank machen können. Für viele stand fest, daß das Leben auf dem Lande gesünder sei als in der hektischen Großstadt, die ihre Bewohner blaß aussehen lasse und schwäche. Moderne Untersuchungen, deren Grundlagen allerdings recht unsicher sind, scheinen diese Eindrücke zu bestätigen. Aufgrund der Auswertung von Grabinschriften haben verschiedene Forscher die Lebenserwartung in Rom als deutlich geringer denn in anderen Teilen des Römischen Reiches berechnet. A. R. Burn kommt auf 20 bis 30 Jahre – ein Wert, der signifikant unter dem für einige westliche Provinzen des Imperiums berechneten (über 35 Jahre) liegt [242]. Aus ähnlichem statistischem Material, das sich auf Sklaven und Freigelassene bezieht, schließt J. Harper, daß die Lebensbedingungen in Rom wesentlich ungesünder gewesen seien als auf dem Lande [243].

Sicherlich wird man derartige Ergebnisse mit einiger Vorsicht betrachten. Immerhin passen sie aber sehr gut zu dem Befund, den man aufgrund der Lebensbedingungen im kaiserzeitlichen Rom theoretisch auch erwarten würde, und dem, was antike Schriftsteller über die Auswirkungen der Großstadtprobleme auf die Gesundheit der Bewohner berichten. Tendenzen, das Landleben zu idealisieren, sind in der römischen Literatur sicherlich vorhanden, und schon Horaz hat die Schwäche des Menschen aufs Korn genommen, immer das zu wollen, was er nicht hat – eine Einäugigkeit, zu der gerade auch Städter neigten [244].

Andererseits fällt auf, daß sich auch jene Autoren, die die

Prachtentfaltung, den architektonischen Glanz der repräsentativen Bauten und die sich darin spiegelnde Macht der Hauptstadt des Reiches rühmen, deutliche Zurückhaltung auferlegen, wenn es um die Beschreibung der Lebensbedingungen ihrer Bewohner geht. Den literarischen Artikulationen der Stadtkritik, die auf den vergangenen Seiten behandelt worden sind, entspricht in den «*laudes urbium*» nichts Vergleichbares. Das «Lob der Stadt» beschränkt sich dort im wesentlichen darauf, «daß man sie als Ansammlung von Bauwerken oder als Urzelle oder Mittelpunkt eines großen politischen Organismus erscheinen (läßt), nicht als Schauplatz der zahlreichen Aktivitäten der Bürger» [245]. Und was für Aelius Aristides gilt, der im 2. Jh. n. Chr. den berühmtesten, einflußreichsten «Hymnos» auf die Stadt Rom verfaßt hat, gilt auch für andere ähnliche Darstellungen: «Wer Rom loben will, lobt es als Zentrum der Macht (...), aber nicht als Stadt, als Schauplatz städtischen Lebens oder Mittelpunkt städtischer Kultur. [246]»

Es spricht einiges dafür, daß die molochartigen Züge, die die Großstadt Rom trug und die das Leben dort zumindest zeitweise zum Alptraum werden lassen konnten, den Verzicht auf allzu unrealistische Schilderungen der Negativ-Seiten des Stadtlebens nahelegten. Das Unbehagen an den Unvollkommenheiten und «Unnatürlichkeiten» städtischer Zivilisation sowie den Gefährdungen, die von ihr ausgehen, ist jedenfalls nicht erst eine Erkenntnis modernen umweltgeschärften Bewußtseins. Artikuliert hat es schon der römische Universalgelehrte Varro, und zwar ganz lapidar: «Das Land gab uns die göttliche Natur», schreibt er, «die Städte aber hat menschliche Kunst erbaut. [247]»

Transportziel Vernichtung

Wilde Tiere als Opfer einer perversen Unterhaltungs-«Industrie»

Die «Jagd» im Amphitheater – Ein populäres «Spiel»

Bären fallen Stiere an, Hunde hetzen Rehe, Rudel von Tigern und Löwen gehen wütend aufeinander los, Meuten von hungrigen, gereizten Ebern zerfleischen einander, Nashorn und Stier prallen wuchtig aufeinander, selbst Rhinozeros und Elefant werden, wenn nötig mit Stacheln und anderen Reizmitteln, zum blutigen Kampf getrieben, Stier und Panther, an den beiden Enden einer Kette zusammengebunden, reißen ihren Widerpart, der ihnen scheinbar den Weg in die Freiheit versperrt, in Stücke, und auch Löwe und Krokodil geben ein attraktives Kämpferpaar ab – alle Einfälle einer phantasievollen Regie sind willkommen. Je bizarrer eine Kampfesvariante, je monströser, um so begeisterter klatscht ein verwöhntes, anspruchsvolles Publikum Beifall.

Der verzweifelte Kampf ums Überleben im Dschungel, das Hetzen und Töten von Beutetieren und Konkurrenten, wie es sich tagtäglich in den Wildnissen Europas, Asiens und Afrikas ereignet – es wird dank einer perfekten Inszenierung zum prickelnden Schau-Kampf im Herzen der Großstadt. Man scheute keine Mühe und Kosten, die Szenerie der dramatischen, aufpeitschenden Zerfleischungsorgien ganz naturalistisch zu gestalten. Künstliche Wälder und Wiesen, Felsabhänge und Wasserläufe, Sanddünen und Gebüsch-Pflanzungen sorgten für ein passendes Ambiente, erweckten die Illusion, gewissermaßen lebensechte Kämpfe mitzuerleben – mit prächtiger Sicht vom hoch aufstrebenden Reihen-Rund der Arena aus. Zehntausende von Zuschauern wurden

Zeugen dieser sadistischen Veranstaltungen, die die Römer mit unfreiwilligem Zynismus *ludi*, «Spiele», zu nennen pflegten.

Eine Variante der Kämpfe zwischen Tieren untereinander stellte der Kampf zwischen Mensch und Tier dar. Meist gab die Bewaffnung der menschlichen Gegner den Ausschlag, wer das blutige Schauspiel – bis zum nächsten Einsatz – überlebte. Bei regelrechten Hetzen *(venationes)* hatten die Tiere kaum eine Chance; sie wurden gnadenlos gejagt und niedergemetzelt. Gegen Lanzen, Spieße und Pfeile waren sie letztlich machtlos, auch wenn es ihnen zuvor gelang, den oder die Jäger zu verwunden oder sogar zu töten. Welche brutalen Schlächtereien geübte, zielsichere «Jäger» anrichten konnten, zeigt das Beispiel des Kaises Commodus, der sich in der Rolle des Tierkämpfers und Gladiators gefiel: Bei einem seiner Auftritte wurden einhundert Löwen aus den Gewölben des Colosseums freigelassen, die er alle mit exakt einhundert Pfeilschüssen erlegte. Die Kadaver der getöteten Tiere lagen auf dem Rund der Arena verstreut, und die Zuschauer hatten genug Zeit zu zählen, daß nicht ein einziger Schuß sein Ziel verfehlt hatte...[248]. Oder auch der zu Martials Zeiten berühmte Carcophorus: Seine beste «Strecke» bestand aus zwanzig wilden Tieren unterschiedlicher Art, die er zur gleichen Zeit niederstreckte – schade für die Vorzeit, meint Martial, daß sie keinen so begnadeten Tierkämpfer hervorgebracht habe. Der hätte schon damals die Menschheit von gefährlichen Bestien wie dem nemeischen Löwen, der Hydra und der Chimäre erlöst – natürlich alle auf einmal[249]!

Keine Frage, daß bei den Tierhetzen der Arena auch Ströme menschlichen Blutes geflossen sind. Darin bestand ja auch ein Großteil des Nervenkitzels für die Zuschauer, ob die häufig bis zur Raserei gereizte Bestie ihren menschlichen Kontrahenten auf den für sie schon beschlossenen Weg in den Orcus mitnahm. Die Höhe der Belohnungen und der Ruhm, in dem sich die Stars unter den *venatores* (Jägern) und *bestiarii* (Tierkämpfern) sonnen konnten, waren ja gerade Ausdruck der Tatsache, daß es sich bei der Tierhetze um ein lebensgefährliches Geschäft handelte.

Scheinbar größere Überlebenschancen hatten die Tiere, wenn sie gleichsam als Vollstrecker von Todesurteilen eingesetzt wurden. Die Verurteilung *ad bestias* bedeutete den sicheren Tod eines Verbrechers oder Kriegsgefangenen. Im «günstigsten» Fall ermöglichte es ihm eine leichte Bewaffnung, sich des Ansturms der hungrigen Raubtiere eine Zeitlang zu erwehren. Im Normalfall aber wurden verurteilte Kriminelle – oder solche, die ein Kaiser oder ein Gericht zu solchen abgestempelt hatte – in der Arena an einen Pfahl gebunden und von den mitunter regelrecht zum Menschenfressen abgerichteten Bestien in grausamster Weise zerfleischt[250]. Noch Konstantin, der große Förderer des Christentums, bekannte sich zu dieser sadistischen Tradition, als er germanische Gefangene Raubtieren zum Fraß vorwerfen ließ – «zu unser aller Vergnügen», wie ein Lobredner dankbar zu kommentieren sich beeilte[251]. Bis auf wenige, speziell zu «Killern» trainierte Raubtiere[252] blieben freilich auch diese Henker in Tiergestalt nicht von jenem Schicksal verschont, das die ganz überwiegende Mehrzahl der für Arena-Darbietungen eingefangenen Tiere ereilte: Auch ihr Blut sickerte über kurz oder lang in den Sand des Amphitheaters.

So wollten es die Zuschauer, in deren Gunst die Tierhetzen das Nonplusultra der öffentlichen Schauspiele waren, beliebter noch bei vielen als die Gladiatorenkämpfe, populärer jedenfalls als Wagenrennen und Theateraufführungen. «Die Leute mögen Wagenrennen, wie du weißt», schreibt der Rhetor Libanios im vierten Jahrhundert an einen Bekannten, «sie genießen auch Bühnenvorstellungen; aber nichts zieht sie so an wie der Kampf zwischen Mensch und Tier. Den Bestien zu entkommen, scheint unmöglich, und doch gelingt es den

Menschen nur durch ihren Verstand, die Tiere zu besiegen. Zu den anderen Spielen machen sich die Massen früh am Morgen auf den Weg, zu den Tierhetzen jedoch stellen sie sich die ganze Nacht über an.[253]»

Die Wünsche der Massen waren den römischen Caesaren Befehl – jedenfalls solange es darum ging, den Hunger auf *panem et circenses* zu stillen. Und so bildete sich in der Kaiserzeit im gesamten Imperium, vor allem aber in der Hauptstadt Rom, eine perverse Unterhaltungs-«Industrie» heraus, die, um auf vollen Touren zu laufen, neben menschlichen Opfern nur eines brauchte: Tiere und nochmals Tiere – Rohstoff für die Produktion eines grausamen Vergnügens; lebendige Materie, die nur einem Ziel diente: begafft und vernichtet zu werden.

Schlächtereien en masse – Aus der Geschichte der «großartigen Tierhetzen»

So sehr sich freilich das gesamte Spielwesen in der Kaiserzeit ausdehnte, so wenig waren die Tierhetzen und Gladiatorenkämpfe eine Erfindung dieser Epoche. Die Grundlagen dieser fragwürdigen Massenunterhaltung – und übrigens auch ihrer politischen Zielsetzungen – reichen weit in die römische Republik zurück. Als erster Veranstalter von Tierhetzen erscheint in den Quellen Marcus Fulvius Nobilior. Anläßlich seines Triumphes über die Aetoler richtete er im Jahre 186 v. Chr. zehntägige Spiele aus, in deren Verlauf erstmals auch Löwen und Panther im Circus gejagt wurden. Schon diese erste *venatio* gibt einen Vorgeschmack auf die riesige Zahl der Opfer, die sich in den nächsten Jahrhunderten auftürmen sollte. Fulvius Nobilior ließ sich offensichtlich nicht lumpen, denn es wurde, wie der in augusteischer Zeit schreibende Livius anmerkt, «ein Spiel gefeiert, das fast dieselbe Fülle und Buntheit aufwies wie in unserer Zeit»[254].

Den Maßstäben in puncto «Fülle», die der erste «Stifter» einer Tierhetze gesetzt hatte, fühlten sich auch seine Nachfolger verpflichtet. P. Cornelius Scipio Nasica und P. Lentulus erwiesen sich im Jahre 168 v. Chr. als großzügige Spielgeber, indem sie 63 afrikanische Tiere sowie 40 Bären und Elefanten «spielen» *(lusisse)* ließen – so der sprachliche Zynismus für die Abschlächterei wilder Tiere zu Dutzenden[255].

Der Dictator Sulla durfte in der Reihe der – natürlich nur immer vorläufigen – Rekordhalter im spielerischen Vernichtungsgeschäft tierischen Lebens nicht fehlen: Ihm verdankte das römische Publikum einen Schaukampf von nicht weniger als einhundert Löwen, deren «Jäger» bemerkenswerterweise gleich zusammen mit ihren Opfern nach Rom, wie man heute sagen würde, «eingeflogen» worden waren[256]. Sowohl quantitativ als auch qualitativ tat sich dann im Jahre 58 v. Chr. der Ädil M. Scaurus als Sponsor von Tierhetzen hervor: Er ließ 150 Leoparden zur Tötung nach Rom transportieren, dazu als erster Spielgeber überhaupt ein ägyptisches Flußpferd und fünf Krokodile[257].

Das ließ den Großen Pompejus nicht ruhen; im Jahre 55 v. Chr. veranstaltete er anläßlich der Einweihung seines Theaters ein seines Beinamens würdiges Groß-Spektakel, das neue Rekord-Zahlen bei der Tötung wilder Tiere erreichte: Er bot 20 Elefanten, 600 Löwen, 410 weibliche Leoparden, ein Rhinozeros sowie einige Affen auf[258], und die allermeisten von ihnen kamen ums Leben. Von «nur» 500 Löwen berichtet der griechische Historiker Dio Cassius, der indes – ohne kritischen Unterton – die Dinge deutlich beim Namen nennt: Die 500 Löwen seien an fünf Tagen «verbraucht» worden, notiert er buchhalterisch exakt, und die gesamte Veranstaltung nennt er nüchtern das, was sie war: «Ein Abschlachten vieler wilder Tiere unterschiedlicher Art[259].»

Wäre es nach dem Willen des Spenders gegangen, dann hätte dieses Abschlachten keinen einzigen der unfreiwilligen

Hauptdarsteller in dieser makabren Show verschont. Doch kam es am letzten Tage der «Spiele», als die Elefanten auftraten, zu einer kaum vorauszusehenden Panne. Einige der Elefanten waren schon verwundet und gaben den Kampf auf. Sie streckten ihre Rüssel gen Himmel und erhoben ein markerschütterndes Geschrei, das in den Zuschauern Mitleid erweckte. Weinend sprangen viele auf und baten um Milde für die Dickhäuter, die, wie Cicero anläßlich des Vorfalls äußert, «eine gewisse Ähnlichkeit mit den Menschen haben»[260]. Die Stimmung drohte so gegen den Spielgeber umzuschlagen, daß Pompejus den Bitten widerwillig nachgab. Es war im übrigen das einzige Mal, daß sich das römische Publikum zu solch einer «Gefühlsduselei» hinreißen ließ – gewöhnlich konnten die Tierhetzen nicht grausam und bizarr genug sein. Und den Elefanten half die spontane Mitleidsaufwallung auch nicht viel: Sie wurden wenig später doch getötet[261] – was sollte man in der Großstadt auch sonst mit den mühsam herbeigeschafften Riesentieren anfangen?!

Caesar, Pompejus' großer Rivale und Bezwinger, erwies sich als kongenialer Ausrichter von Tierhetzen. Auch bei seinem Triumph im Jahre 46 v. Chr. ging die Zahl der getöteten Löwen in die Hunderte, besondere Anerkennung erwarb er sich jedoch durch zwei Neuheiten. Zum erstenmal wurde dem staunenden Publikum eine Giraffe präsentiert; die Vorstellung des exotischen Tieres verfehlte ihre Wirkung nicht. Möglicherweise entging es deshalb dem Schicksal der Vernichtung: Außergewöhnliche und extrem seltene Tiere wurden zumindest in der Kaiserzeit in zoologische Gärten gebracht und dort als «Schaustücke» ausgestellt. Indes brauchten die Zuschauer den Genuß eines neuartigen, erregenden Mordspiels bei Caesars *ludi* nicht zu entbehren. Er ließ erstmals eine thessalische Tierquäl-Spezialität zur Aufführung bringen, die der Naturforscher Plinius ungerührt so beschreibt: «Es ist eine Erfindung der Thessalier, zu Pferde daneben reitend, Stiere am Horn durch Verdrehung des Halses zu töten; dieses Schauspiel hat in Rom erstmals der Dictator Caesar gegeben[262].»

Man sieht: Die Zeiten, in denen sich ein Teil der Römer noch von Mitleid mit der geschundenen Kreatur bewegen ließ, waren endgültig vorbei. Die wenigen intellektuellen Stimmen, die gegen diese massenhafte Vernichtung von Tieren aufbegehrten, verhallten ungehört – zumal auch dieser «Protest» eher halbherzig ausfiel. Cicero wundert sich zwar, wie ein kultivierter Mensch an dergleichen Schlächtereien Vergnügen finden könne, zeigt sich im selben Moment aber von den gewaltigen Zahlen, dem großen Prunk und der Perfektion des organisierten Tiermordens beeindruckt: *magnificae* seien sie ja schon, «großartig», «prachtvoll», diese Tierhetzen, räumt er ein[263] – und er deutet damit durchaus schon die Begeisterung an, die sich in der Kaiserzeit angesichts der noch immer weiter steigenden Opfer-Zahlen, des immer noch gesteigerten Raffinements und Aufwandes durchsetzte.

11 000 Tiere an 123 Tagen «verbraucht» – Der «animal holocaust» in Zahlen

Augustus, der vielseitigste und wirkungsvollste Propagandist auf dem Kaiserthrone, den das antike Rom gesehen hat, erkannte die enorme Popularitätskapazität, die in besonders «freigebigen» Gladiatorenkämpfen und Tierhetzen schlummerte, mit klarem Blick, und er schöpfte diese Ressourcen voll aus. In seinem «Tatenbericht» rühmt er sich seiner einschlägigen Großzügigkeit:

«Tierhetzen mit afrikanischen Raubtieren habe ich in meinem Namen oder in dem meiner Söhne und Enkel im Circus oder auf dem Forum oder im Amphitheater für das Volk sechsundzwanzigmal durchführen lassen, wobei ungefähr dreitausendfünfhundert Tiere getötet wurden[264].» Wie sich diese gewaltige Zahl von Opfern im einzelnen zusammensetzt, erfahren wir zumindest teilweise aus den ehrfurchtsvollen Angaben der Historiker: Im Jahre 13 v. Chr. wurden 600 afrikanische Tiere «erlegt», im Jahre 2 v. Chr. 260 Löwen und 36 Krokodile, im Jahre 12 n. Chr. wurden u. a. 200 Löwen abgeschlachtet ...[265].

Und so weiter, und so fort. Die einzelnen Nachrichten über die herausragendsten, immer wieder von neuem rekordverdächtigen, furchtbaren «Abschußzahlen» aus den nächsten Jahrzehnten und Jahrhunderten brauchen hier nicht im einzelnen referiert zu werden. Fest steht, daß sich damals ein perverses Unterhaltungssystem etabliert hat, das Tiere zu Tausenden und Abertausenden verheizte, ein *«animal holocaust»* [266] gigantischen Ausmaßes.

Die Zahl der allein in der stadtrömischen Vernichtungsmaschinerie getöteten Tiere dürfte in die Tausende pro Jahr gegangen sein. Zu besonderen Anlässen ist sie mit Sicherheit fünfstellig gewesen, so etwa im Jahre 80 n. Chr., als das Flavische Amphitheater, besser bekannt unter dem Namen Colosseum, eingeweiht wurde. Nicht ganz zu Unrecht spricht Dio Cassius [267] von einem «Jagdtheater», mag auch der Ausdruck «Jagd» ein übler Euphemismus sein. Jedenfalls erhielt Rom damals eine riesige «Vergnügungsstätte», die Schauplatz der meisten künftigen Tierhetzen wurde – und die mit einem entsprechenden Programm eröffnet wurde: Nicht weniger als 9000 Tiere, zahme wie wilde, mußten mit ihrem Leben dem Genius loci Tribut zollen. Zweieinhalb Jahrzehnte später konnte Trajan stolz eine fünfstellige Opferzahl bei einer einzigen «Spiel»-Periode vorweisen: Aus Anlaß seines Dakischen Triumphes ließ er innerhalb von 123 Tagen 11 000 Tiere in der Arena abschlachten [268].

Selbst in der Krisenzeit des dritten Jahrhunderts wurde an den beliebten Tötungsspektakeln nicht gespart. Die Listen der in diesen Jahrzehnten im Amphitheater getöteten Tierarten sind genauso lang, genauso schrecklich und für die Zeitgenossen genauso eindrucksvoll wie in den beiden Jahrhunderten zuvor. Gordian I. bot für das römische Publikum 100 Löwen und 1000 Bären gleichzeitig auf, ferner 200 Hirsche, 100 Wildschafe, 10 Antilopen, 100 zypriotische Stiere, 300 Strauße, 30 Wildesel, 150 Eber, 200 Steinböcke und 200 Rehe – «sie alle», hebt sein Biograph hervor, «stellte er dem Volk zum Zerfleischen zur Verfügung...[269].»

Schließlich noch ein Blick auf Kaiser Probus (276–282). Unter der Rubrik *voluptates* (Vergnügungen), die er den Römern gewährt habe, sind in seiner Lebensbeschreibung vor allem Tierhetzen und -schlächtereien aufgelistet. Ausdrücklich erwähnt werden 1000 Strauße, 1000 Hirsche und 1000 Eber, dazu «Damwild, Steinböcke, Wildschafe und andere grasfressende Tiere, so viele man nur füttern und fangen konnte». Weiterhin 100 gezähmte Löwen, deren bloßes Niederstrecken dem Publikum indes eher Langeweile verursacht zu haben scheint, ferner je 100 libysche und syrische Leoparden, 100 Löwinnen und 300 Bären[270]. Kann es angesichts dieser lebensvernichtenden «Unterhaltungs»-Praktiken noch verwundern, wenn selbst ein gesitteter und gebildeter Kaiser wie Hadrian nicht zögerte, die Münzlegende *munificentia* (Freigebigkeit) zusammen mit Darstellungen von Tierhetzen als Ausweis seiner großzügigen Regierungstätigkeit in Umlauf zu bringen?

Nachschub aus aller Welt für Roms Tötungsmaschinerie

Kein Zweifel: Richtet man den Blick lediglich auf die Kosten dieser Vernichtungs-«Industrie», so kann man von wahrhaft kaiserlicher Freigebigkeit sprechen. Das Einfangen und der Transport der Tiere sowie die Organisation der Tötungs-Spektakel verschlangen Unsummen. Ein großer Teil der mit den *ludi* verbundenen riesigen Aufwendungen wurde zwar auf die Beamten und Amtsbewerber abgewälzt, zu deren festgeschriebenen Pflichten die Veranstaltung von «Spielen» gehörte. Gleichwohl ändert das nichts an der Tatsache, daß hier für einen denkbar unproduktiven Zweck Jahr für Jahr Hunderte von Millionen Denare verpulvert worden sind. Eine ganze Armee von Bediensteten stand im Solde der perversen Quäl- und Tötungsmaschinerie, die offenbar glänzend organisiert war: angefangen von den professionellen, angesichts ihrer gefährlichen Tätigkeit bestimmt nicht schlecht bezahlten Jägern und Fallenstellern, die die wilden Tiere einfingen, über Pfleger und Transportarbeiter bis hin zu Tierärzten, Wärtern und Trainern, die den Tieren Kunststücke beibrachten. Sie alle wirkten an der Vorbereitung eines Schauspiels mit, das in den allermeisten Fällen nur ein Ziel hatte: die möglichst kunstvoll, möglichst aufregend, möglichst spektakulär inszenierte Vernichtung der mühevoll in die Arenen der römischen Welt verschleppten Tiere.

Nachschub für die Tierschlächtereien des Amphitheaters lieferte die gesamte römische und außerrömische Welt. Der Bärenfänger in Germanien war ebenso in das System eingebunden wie der Löwenfänger in Nordafrika; in Ägypten machten einheimische Experten ebenso Jagd auf Nilpferde und Krokodile wie im benachbarten Äthiopien auf Giraffen und Strauße; Tiger wurden in den östlichen Provinzen des Reiches und in Indien gefangen, Hirsche in Gallien und Pannonien; Seehunde wurden von der Nordseeküste nach Rom geschafft, und aus der entgegengesetzten Himmelsrichtung gelangten Elefanten und Nashörner aus dem tiefsten Afrika ins Zentrum des Imperiums. *Ein* Schicksal hatten die Urwälder des Nordens mit den Savannen des Südens gemeinsam: Sie alle wurden systematisch nach Opfern für die unersättliche Unterhaltungs-«Industrie» durchforscht.

Stolz konnte sich die Plebs in Rom als Herrin des Erdkreises fühlen, wenn ihr in der Arena «alle Arten von Tieren aus der ganzen Welt[271]» präsentiert wurden. Was dort aus den entferntesten Winkeln des Reiches auftrat, um blutig niedergemacht zu werden, wurde sehr wohl als sinnfälliger Tribut der Unterlegenen gegenüber dem großen Rom gefordert und geschätzt: Dem imperialen Selbstbewußtsein der Römer schmeichelten die Unterwerfungs- und Tötungsrituale wilder Tiere im Amphitheater nicht wenig; sie waren konkreter Ausdruck dafür, wie sehr die Welt Rom zu Füßen lag.

«Alle Furcht, alle Schönheit der Wälder wird eingefangen» – Ausrottung im Namen der Zivilisation

Sich die Welt untertan machen, sich selbst als Bezwinger widerspenstiger Natur – sei es der Landschaft, sei es ihrer menschlichen und tierischen Bewohner – feiern, die Huldigung dieser bezwungenen Natur entgegennehmen, die man mit dem Recht des Siegers nach Belieben ausbeuten und sich dienstbar machen konnte: Auch das ist ein Teil der Erklärung dafür, warum Tierhetzen insbesondere beim stadtrömischen Publikum so beliebt waren.

Sichtbare Ausübung von Macht – so interpretiert noch der letzte bedeutende Dichter des heidnischen Rom begeistert den Aufwand und die Vielfalt der prachtvollen *venationes*. In seinem von schmeichlerischen Peinlichkeiten nicht freien Panegyrikos auf das Konsulat Stilichos (400 n. Chr.) stellt Claudian eine enge Verbindung zwischen der Weltherrschaft Roms und den sie glänzend widerspiegelnden Tierhetzen her. Artemis selbst, meint er, habe in der ganzen römischen Welt eine Art Jagdstopp verfügt: «Unsere Köcher sollen geschlossen, unsere Pfeile trocken von Blut bleiben, unser Bogen enthalte sich des gewöhnlichen Jagens.» Und warum diese ungewohnte Zurückhaltung? Die Antwort darauf enthüllt die Perversion des Spielwesens in einzigartig drastischer Weise: «Das Blut unserer Beutetiere soll allein für die Arena aufgespart werden!» – «Haltet eure gierigen Pfeile in Schach», schärft die Göttin der Jagd ihren Anhängern noch einmal ein, «schont die wilden Tiere, damit sie dann zum Beifall des Consuls zusammenbrechen.» Anderen Spielgebern, fährt Claudian dann fort, hätten Mauretanien und Kreta, Libyen und Europa ihre Tiere als Geschenke überreicht, Stilicho dagegen legten sie sie als Tribut zu Füßen[272].

Es gibt keine Stelle in der antiken Literatur, die den totalen Verfügungsanspruch des Menschen über die Kreatur, des Starken über den Schwachen, des Herrschenden über das beherrschte Land und seine Natur mit solch naiver Selbstverständlichkeit postuliert und feiert, wie Claudian es in den nächsten Versen seiner Stilicho-Eloge tut:

«Was immer mit seinen Zähnen Furcht einflößt, was immer mit seiner Mähne Bewunderung erregt, mit seinen Hörnern Ehrfurcht gebietet oder mit seinen Borsten unbeugsamen Mut zeigt – alle Schönheit, alle Furcht der Wälder wird eingefangen. Vorsicht schützt sie nicht, nicht Stärke und Gewicht lassen sie widerstehen, nicht entkommen sie durch windesschnellen Lauf. Hier stöhnen welche, in Schlingen gefangen, auf; dort werden welche in hölzerne Käfige gesperrt und fortgetragen, und es gibt nicht genug Zimmerleute, um das Holz zu bearbeiten (...): Ein Teil von ihnen gelangt auf vollbeladenen Booten über Meere und Flüsse; blutleer vor Angst erstarrt die Rechte des Ruderers, und der Seemann fürchtet die eigene Ware. Ein anderer Teil wird auf Karren übers Land transportiert, und in langer Reihe blockieren Wagen die Straßen, voll von Triumphen über die Berge...»[273].

Mag Claudian hier auch in seinem Bestreben, Stilicho zu schmeicheln, dick auftragen, mag man sich durch seine schwülstigen Übertreibungen abgestoßen fühlen, in einem Punkt ist er unverfälschter Repräsentant römischen Denkens: Die künstliche «Entleerung» der Wälder und Berge von Tieren verursachte ihm nicht die geringsten Skrupel; Rücksichtnahme auf, gar Ehrfurcht vor der natürlichen Schöpfung waren für ihn ebenso Fremdwörter wie für seine Zeitgenossen und Vorfahren. Im Gegenteil: Das massenhafte Einfangen wilder Tiere für den Arena-Holocaust wird sogar als zivilisatorischer Fortschritt verstanden: Endlich kann das Land erleichtert aufatmen, können die Bauern selbst im Maurenlande die Riegel vor ihren Hütten aufschieben – wo keine Raubtiere mehr sind, braucht man sich vor ihnen nicht mehr zu fürchten [274].

Die letzte Feststellung deutet es – trotz der schmeichlerischen Übertreibung – schon an: Angesichts der Skrupellosigkeit und geradezu arglosen Ausbeutungsmentalität, mit der das tierische Vergnügungs-«Material» rund sieben Jahrhundete lang mit zunehmender Tendenz in ganzen Wagenkolonnen und Schiffsladungen in die Arenen vor allem Roms und der italischen Landstädte transportiert worden ist, kann es kaum verwundern, wenn manche Tierarten in bestimmten Landstrichen völlig ausgerottet wurden. Mit besonderer Wucht traf es Nordafrika. Daß es bis etwa zum Jahre 170 v. Chr. untersagt war, afrikanische Tiere nach Italien zu bringen [275], klingt wie ein Hohn, wenn man auf die Situation nur zweihundert Jahre später schaut: Gerade weil die Region zu den frühesten römischen Provinzen zählte, wurde der dortige Bestand an wilden Tieren ziemlich schnell dezimiert.

Was aus der heutigen Perspektive wegen der Gefährdung des ökologischen Gleichgewichts Stirnrunzeln auslöst, galt den Römern als Segen. Endlich konnten die einstigen Nomaden im Gebiet zwischen Karthago und der Straße von Gibraltar sich dem Ackerbau zuwenden, rühmt der in augusteischer Zeit schreibende griechische Geograph Strabo: Ihre hervorragenden Qualitäten als Jäger ermöglichten es ihnen, sich gegen die wilden Tiere dort zur Wehr zu setzen. Größeren Einfluß auf diese Veränderung billigt er indes der Leidenschaft der Römer für Tierhetzen zu; in dem dadurch erreichten erheblichen Rückgang in der Zahl der Raubtiere erblickt Strabo die eigentliche Ursache für die zuvor undenkbaren Leistungen der Nomaden in der landwirtschaftlichen Nutzung ihres Gebiets [276].

Denselben Zusammenhang stellt der Verfasser eines griechischen Epigramms aus der gleichen Zeit her – nur noch viel begeisterter und anerkennender, als es dem nüchtern referierenden Stil Strabos entspricht:

«Nasamonische Lande im fernen Libyen, euch plagen
nicht mehr des wilden Getiers Schwärme auf bergigen Höhen,
und ihr fürchtet fortan bis über die Wüste Numidiens
nicht mehr der Löwen Gebrüll, das in der Öde erscholl.
Denn ihr zahlloses Volk hat Caesar, der junge, in Fallen
eingefangen und drauf vor seine Fechter gebracht.
Doch auf den Gipfeln, wo einst die wilden Tiere im Freien
hausten, da hütet der Mensch jetzt auf der Weide das Rind [277].»

Aussterben und dramatischer Rückgang ganzer Tierpopulationen

Was man in der Zeit des Augustus noch als Triumph der Zivilisation über eine menschenfeindliche Natur feierte, wurde ein paar Jahrhunderte später eher nüchtern oder sogar mit Bedauern registriert. Die ständige Jagd führte manchenorts zu drastischen Rückgängen ganzer Tierpopulationen – bis hin zu ihrem völligen Verschwinden. Nilpferde waren in Unterägypten im 4. Jh. n. Chr. gänzlich ausgerottet. Die Einheimischen sahen darin eine Folge der Überjagung der Nilpferde zugunsten der Arena-Darbietungen [278], und es spricht alles dafür, daß sie damit recht hatten.

Den Schlußpunkt unter diese Diskussion, soweit sie in den Quellen für uns greifbar ist, setzte der in der zweiten Hälfte des 4. Jh. wirkende Rhetor Themistios. Er finde es schade, sagt er, daß die Elefanten in Libyen, die Löwen in Thessalien und die Nilpferde in den Nilsümpfen ausgestorben seien [279]. Und sicherlich war das keine vollständige Liste der Tierarten, denen die durch die *venationes* erfolgte Kampfansage in vielen Gebieten den Garaus gemacht hat. Tatsache war, daß es in der Spätantike schwieriger wurde, das benötigte «Material» für die Tierhetzen zusammenzuschaffen, und daß man immer wieder an die Peripherie der römischen Welt gehen mußte, um fündig zu werden.

Viele Zeugnisse für die Ausrottung mancher Tierarten in bestimmten Gebieten des Imperiums liegen aus dem Altertum nicht vor. Als großes Problem wurde dieser Rückgang jedenfalls nicht angesehen; schon gar nicht löste die Betrachtung der Folgen dieses hemmungslosen Raubbaus zugunsten der Schlächtereien des Amphitheaters irgendein Umdenken aus. Dazu war das Unterhaltungssystem zu fest etabliert, und dazu schienen die vermeintlichen Vorteile dieser Eingriffe in das natürliche Gleichgewicht zu sehr zu überwiegen.

Mag auch die Quellensituation recht mager sein, so gibt es gleichwohl keinen Zweifel daran, daß die von Friedländer schon vor mehr als einem Jahrhundert formulierte Feststellung richtig ist: «Da diese Jagden Jahrhunderte hindurch fortgesetzt wurden und, um junge Tiere zu fangen, die alten in der Regel getötet werden mußten, veränderte sich der Charakter der Tierwelt großer Gebiete völlig; die wilden Tiere wurden teils ausgerottet, teils tiefer in Wildnisse und Wüsteneien hineingetrieben und so für Ackerbau und Zivilisation neuer Boden gewonnen»[280].

Die Nachrichten aus dem Altertum erlauben es nicht, den Umfang dieser Ausrottungen näher zu bestimmen oder die Folgen für das Öko-System der betroffenen Landschaften realistisch abzuschätzen. Man wird sie sich indes nicht zu gering vorstellen dürfen. In welch schier unvorstellbarer Zahl Tiere zu einzelnen «Jubelgelegenheiten» allein in Rom verbraucht worden sind, ist schon dargestellt worden. Hinzu kommt, daß auch in anderen Amphitheatern der römischen Welt, insbesondere – aber keineswegs ausschließlich – Italiens und der westlichen Provinzen, regelmäßig Tierhetzen veranstaltet worden sind. Gewiß, sie hatten bei weitem nicht die «Pracht», die Zuschauer der stadtrömischen Venationen ins Schwärmen geraten ließ, und vor allem waren die Zahlen der dabei eingesetzten Tiere deutlich bescheidener. Für eine viertägige Veranstaltung in der latinisch-kampanischen Grenzstadt Minturnae wurden beispielsweise im Jahre 249 n. Chr. «nur» zehn Bären sowie vier «grasfressende Tiere» pro Tag eingesetzt; für eine Tierhetze im süditalischen Benevent liegen Angaben von 16 Bären und vier anderen Raubtieren vor[281]. Andererseits summierten sich auch solche vergleichsweise geringen Zahlen zu erschreckenden Größenordnungen, wenn man an die vielen hundert Städte im gesamten Imperium denkt, in denen regelmäßig Venationen stattfanden.

«Überall Wracks von halbtoten Tieren» – Makabre Transportschäden in einem makabren Beschaffungssystem

Neben das eigentliche Tiermorden in der Arena tritt ein weiterer, nicht zu unterschätzender Dezimierungsfaktor: Unzählige der in den Wildnissen Europas, Asiens und Afrikas eingefangenen Tiere sind auf dem häufig mehrere tausend Kilometer langen Weg in die «zivilisierten» Zentren des Holocausts qualvoll verendet. Die Dunkelziffer der so schon vor ihrem Einsatz ums Leben gekommenen Tiere dürfte angesichts der Strapazen und Dauer des Transports sehr hoch liegen. Nicht daß die Organisation dieser Transporte mangelhaft gewesen wäre! Im Gegenteil: Das System scheint im ganzen gut funktioniert zu haben, zumal auch die römische Armee in die Organisation eingebunden war und die Garnisonsstädte verpflichtet waren, durchreisende kaiserliche Tier-Konvois für einige Tage zu alimentieren[282].

Daß gleichwohl Tiere eingingen und ganze Transporte verunglückten, lag in der Natur der Sache. Schiffbrüche waren im Altertum recht häufig; und so werden ungezählte Tiere elend in ihren Käfigen ertrunken sein[283]. Flauten, die die Schiffe für Tage und Wochen auf hoher See festhielten, waren ebenfalls nicht selten. Da war es Glück im Unglück, wenn die sehnlichst erwartete Ladung bestellter Arena-Tiere nur zu spät am Bestimmungsort ankam[284] – und nicht als Kadaver verdursteter oder verhungerter Tiere.

Krankheiten und Seuchen dürften zudem einen nicht unerheblichen Teil der Tiere dahingerafft haben, ebenso physische Entkräftung und «psychischer» Streß. Eine offenbar recht alltägliche Szene beschreibt Apuleius in seinem berühmten Schelmenroman. Die Helden des Romans kommen ins griechische Platää. Dort erfahren sie von einem bevorstehenden Gladiatoren- und Tierhetzenschauspiel – nach Auskunft der Einheimischen ein prachtvolles, aufwendiges Spektakel, das man sich nicht entgehen lassen sollte. Der Spielgeber hat an nichts gespart: «Welche Mengen außerdem, welche Arten wilder Tiere! (...) Neben dem, was sonst für eine prächtige Veranstaltung dient, pflegte er mit dem letzten Groschen seines Vermögens große Mengen mächtiger Bären zu beschaffen ...!»

Indes, die Freude ist verfrüht; die Tierhetze, die alle mit hoffnungsfroher Erwartung herbeigewünscht hatten, wird zu einer riesigen Pleite, weil die Tiere nicht «mitspielen»: «Aber dieser ganz herrliche, ganz prachtvolle Apparat zur Volksbelustigung entging doch nicht dem bösen Blick des Neides. Matt von langer Gefangenschaft und zugleich mürbe von der Sommerhitze, auch anfällig vom untätigen Sitzen, wurden die Tiere von einer plötzlichen Seuche dahingerafft und sanken fast auf die Nullzahl zurück. Immer wieder konnte man überall auf den Straßen Wracks von halbtoten Tieren liegen sehen. Da machen sich die einfachen Leute, die in ihrer kümmerlichen Armut, ohne im Essen wählerisch zu sein, für den abgemagerten Bauch Unappetitliches zum Füllen und kostenlose Mahlzeiten zusammensuchen müssen, über die allerorten daliegenden Festbraten her...»[285].

«Überall auf den Straßen Wracks von halbtoten Tieren» – die ekelerregende Vorstellung läßt ahnen, welch hohe «Schwundquoten» zwischen dem Einfangen und dem tatsächlichen Auftreten der Tiere in der Arena zu verzeichnen waren. Kein Zweifel, daß «Transportschäden» bis hin zum massenhaften Krepieren der bedauernswerten Kreaturen in der Nachschub-Organisation kaltblütig einkalkuliert waren. Das waren herbe Vermögensverluste für die Spielgeber, mitunter auch Prestigeeinbußen, weil sie dem verwöhnten Publikum auf die schnelle keinen angemessenen Ersatz bieten konnten, mehr aber nicht. Von Mitleid mit den geschundenen Tieren keine Rede: Wie auch, da die meisten ja doch nur eingefangen worden waren, um brutal getötet zu werden?!

Die Natur als Selbstbedienungsladen – Zur Tradition einer Ausbeutungs-Mentalität

Gesicherte Nachrichten über den Umfang der Ausrottungen liegen, wie gesagt, bis auf die bereits zitierten Quellenbelege nicht vor. Es ist jedoch gerade auch angesichts der zuletzt erwähnten verlustreichen Vor-Phasen des Arena-Holocausts mit gewaltigen Vernichtungen der Tierwelt in großen Gebieten des Mittelmeerraumes und angrenzender Länder zu rechnen.

Daß die damit verbundenen ökologischen Folgen und Schäden für die Fauna und Flora der betroffenen Regionen den Römern nicht bewußt geworden sind, verwundert nicht. Die Einsicht in diese Zusammenhänge ist ja, zumal wissenschaftlich fundiert, noch nicht sehr alt. Erschreckend ist jedoch, von der Brutalität des gesamten Spielwesens einmal abgesehen, die Selbstverständlichkeit, mit der sich die Menschen anmaßten, mit dem Leben ihrer Mit-Kreaturen ein furchtbares

«Spiel» zu treiben. Da fehlte jede Ehrfurcht vor der Schöpfung, da diente die Natur als Selbstbedienungsladen zur Befriedigung dessen, was man als Unterhaltungsbedürfnis definierte, da nutzte der Mensch als «Krönung der Schöpfung» seine Überlegenheit skrupellos und egoistisch aus, anstatt aus dieser Stellung ein besonderes Verantwortungsgefühl zu entwickeln.

Es fällt nicht schwer, den Bogen zur Gegenwart zu spannen: Die – letztlich selbstzerstörerische – Arroganz, die sich in dieser Mentalität offenbart, ist offensichtlich eine der gefährlichen Erblasten, die zur abendländischen Tradition ebenso gehören wie die vielen positiven, konstruktiven Stränge dieses geistigen Vermächtnisses. Die Lehre, die daraus zu ziehen ist, sollte sich nicht in billiger Distanzierung erschöpfen, mit der wir uns mehr oder weniger selbstgefällig der Barbarei des Amphitheaters überlegen dünken. Es wäre wichtiger, der selbstherrlichen, rücksichtslosen Ausbeutungs-Mentalität zu entsagen, die dieses zynische Unterhaltungssystem ermöglicht und gefördert hat. Ob unsere Zivilisation in diesem Punkte gegenüber der römischen Kaiserzeit etwas hinzugelernt hat, scheint jedenfalls mehr als fraglich.

Politischer Druck, Technologieprobleme oder Naturschutz?

Hintergründe eines gescheiterten Tiber-Zähmungsprojekts

Architektur contra widerspenstige Natur

Er war begeistert, der römische Dichter Statius (2. Hälfte des 1. Jh. n. Chr.), als er das nahe dem süditalischen Sorrent gelegene palastartige Landhaus des Pollius Felix besuchte: Die Lage, der Prunk, die Raffinesse der Villa – all das faszinierte und inspirierte ihn zu einem Gelegenheitsgedicht[286]. Seine Eloge gipfelt in der Beschreibung dessen, was er als Sieg der Architektur über die Natur feiert: Nicht nur, daß die Natur der Gegend, in der Pollius Felix sein Landhaus habe errichten lassen, an sich schon wohlgesinnt sei – nein, sie sei auch noch gezwungen worden, sich dem Willen des Bauherrn unterzuordnen und sich zähmen zu lassen, um «einem bis dahin unbekannten Verwendungszweck gelehrig zu sein». «Einst war hier ein Berg, wo du jetzt eine Ebene siehst», erläutert er diesen Vorgang der Bezwingung, «Wildnis war dort, wo du nun unter Dächer trittst, und wo du nun hohe Bäume erblickst, war nicht einmal Erde[287]» – Pollius hatte demnach einen Teil seines Landhauses offensichtlich auf einer künstlichen Anschüttung ins Meer hinaus bauen lassen.

Statius wird nicht müde, die Überlegenheit des menschlichen Gestaltungswillens und seiner technischen Durchsetzung gegenüber der Natur zu rühmen. Auch die sprachliche Dominanz des Begriffsfeldes «beherrschen» und «sich beherrschen lassen» unterstreicht das: Von *vincere* («besiegen»), *domare* («bezähmen»), *expugnare* («erobern») und *iubere* («befehlen») ist da die Rede, und folgerichtig aus der Perspektive der unterworfenen Natur von *cedere* («nachgeben»), *recedere* («zurückweichen») und *mansuescere* («zahm werden»)[288].

Eine widerspenstige Natur dem Willen des Menschen zu unterwerfen und in diesem «Triumph» den zivilisatorischen Glanz der eigenen Epoche zu verherrlichen – darin spiegeln sich schon Stolz und Selbstbewußtsein wider, die die meisten Römer der frühen Kaiserzeit durchdrangen. Ihnen lag nicht nur die ganze Welt zu Füßen, auch die Natur hatten sie sich, zum Teil jedenfalls, dienstbar gemacht. Die architektonische Prachtentfaltung, wie sie sich seit der augusteischen Ära vor allem in den öffentlichen Gebäuden der Hauptstadt darstellte – er habe aus einer Stadt aus Ziegeln eine aus Marmor hinterlassen, rühmte Augustus sich[289] –, wie sie aber auch seit spätrepublikanischer Zeit in der steigenden Zahl luxuriöser Privat-Domizile zum Ausdruck kam, wurde von den meisten Zeitgenossen offenbar als sinnfälliges Attribut römischer Macht und römischen Wohlstandes geschätzt. Politisch ließ sich daraus sogar propagandistische Münze schlagen: Intensive und repräsentative Bautätigkeit galt als Ausfluß von *liberalitas*, der Herrschertugend der «Freigebigkeit», deren politische Werbewirksamkeit im Verein mit der *maiestas imperii*, der Größe und Würde der römischen Herrschaft, schon und gerade Augustus als erster Princeps klar erkannt und konsequent genutzt hat[290]. Es kann daher kaum ein Zweifel daran bestehen, daß Statius mit seiner Bewunderung für den Sieg der Architektur über die Natur das ausgesprochen hat, was die meisten seiner Zeitgenossen dachten.

Landschaftszerstörung durch Wohlstand

Es gab indes auch Kritiker, «Nörgler» vermutlich in den Augen der Mehrheit. Eine Minderheit immerhin, die sich aus unterschiedlichen Gründen Gedanken darüber machte, welche Schäden man mit dieser Art von Umgang mit der natürlichen Landschaft anrichtete. Mehr an den moralischen Flurschaden dachte Sallust, als er beklagte, daß die Reichen ihr Vermögen verpraßten, indem sie «Berge abtragen und Meere auffüllen ließen»[291]. Den gleichen Gedanken legt er auch seinem «Helden» Catilina in den Mund: «Wie kann einer, der ein ganzer Kerl ist, es ertragen, wie sie im Reichtum schwelgen», läßt er ihn agitieren, «wie sie ihn verschwenden, um ins Meer hinauszubauen und Berge einzuebnen, während uns zum Nötigsten die Mittel fehlen»[292]?

Nicht ökologisches Bewußtsein hat Sallust die Feder geführt, sondern die Empörung über die moralisch verwerfliche – und daher in seinem Geschichtsverständnis auch politisch gefährliche – Neigung eines Teils der römischen Oberschicht, ihr Geld für unnütze Prestigebauten aus dem Fenster zu werfen. Wie glaubwürdig solche Kritik freilich aus dem Munde eines Mannes war, der mit seinem hemmungslos zusammengerafften Reichtum unter anderem die nach ihm benannten *horti Sallustiani* zu einer geradezu verschwenderischen Parkanlage ausgebaut hat[293], sei dahingestellt.

Anders verhält es sich mit den warnenden Worten des Horaz. Gewiß, er war ein *laudator temporis acti*, aber beileibe kein engstirniger Traditionalist, dem ideologische Scheuklappen den Blick auf die eigene Zeit verstellt hätten. Und so legte er immer wieder den Finger auf Wunden, die er als Fehlentwicklungen der «Moderne» ansah. So auch hinsichtlich einer Bauwut, die die ursprüngliche Natur nach seiner Beobachtung immer stärker zu verdrängen drohte:

«Es läßt der Prachtbau fürstlicher Schlösser bald
nichts mehr dem Pfluge. Überall breiten sich,
wie Seen groß, der Teiche Spiegel.
Auch die Platane, von keiner Rebe

umrankt, verdrängt den schüchternen Ulmenbaum.
Bald hauchen Veilchen, Myrten und bunter Flor
des Duftes Kitzel, wo vordem der
Segen gereift von der Frucht des Ölbaums»[294].

Horaz wertet den Bau riesiger Villenanlagen mit ausgedehnten Gärten als Landschaftszerstörung; das eigentliche Landschaftsbild – das sind für ihn Äcker, Weiden und Ölbaumhaine – wird durch Luxusbauten verschandelt, die gewissermaßen das natürliche Gleichgewicht stören. Dieser Gedanke der Störung, des unberechtigten Eingriffs ist tendenziell ein ökologischer Gesichtspunkt, wenngleich er sich, wie die nächsten Strophen der Ode zeigen, mit moralisierender Kritik an der Maßlosigkeit der eigenen Zeit – gegenüber der tugendhaften Schlichtheit eines Romulus oder Cato – verbindet. Andere Stellen zeigen aber sehr wohl, daß Horaz gerade an der naturbezwingenden, hybriden Provokation Anstoß nimmt, mit der die Reichen «Meer und Lagune ihre leidenschaftliche Liebe spüren lassen» – durch Quadermauern, die als Fundament für Paläste über dem Meer in die Wellen versenkt werden[295]: Da wird es sogar schon den Fischen zu eng durch diese gigantischen Wasserbauten, kritisiert er die Eingriffe millionenschwerer Bauherren in die natürliche Umwelt[296].

«Wann wird das letzte Seeufer zugebaut sein…?»

Die deutlichste Kritik an den Vergewaltigungen der Natur kommt aus dem Munde des Philosophen Seneca. Sicherlich war der stoische Natur-Begriff nicht deckungsgleich mit dem ökologischen Verständnis von Natur; zu stark ist dafür der moralisierende Akzent im Hinblick auf eine sittlich gute und im wohlverstandenen Interesse des Individuums liegende einfache Lebensführung. Gleichwohl lohnt es sich, einen Ausschnitt aus den einschlägigen Passagen der *epistulae morales* in diesem Zusammenhang wiederzugeben: Es tun sich da frappierende Parallelen zu einer eher unbekümmerten Mentalität gegenüber problematischer Landschafts-«Nutzung» in der Gegenwart auf, im ersten Zitat allerdings zum

Teil auch eine ganz andere Einstellung Senecas zur Naturnähe:

«Leben nicht diejenigen naturwidrig, die Rosen im Winter haben wollen (...)? Ist es kein unnatürliches Handeln, wenn Leute auf turmhohen Palästen Obstgärten anlegen? Bei denen von Hausdächern und Giebeln ganze Wälder auf uns herabschauen, mit Wurzeln in einer Höhe, bis zu der nur gottloser Frevel die Wipfel hinauftriebe? Ist es nicht ein naturwidriges Verhalten, wenn Leute die Grundmauern ihrer Warmbäder im Meer errichten und nur dann ein Schwimmbad mit allen raffinierten Finessen zu besitzen glauben, wenn Meereswogen und Sturmgebraus ihre angewärmten Badeteiche erfüllen[297]?»

Man sieht: Friedensreich Hundertwassers Vorstellung von einem durch und durch begrünten Öko-Stadthaus wäre bei Seneca auf wenig Gegenliebe gestoßen. Andererseits fragt sich, inwiefern die Idee des österreichischen Künstlers nicht schon den Versuch einer Lösung in einer baulichen Situation darstellt, die nur noch solche Kompromisse zuläßt...

Das zweite Seneca-Zitat betrifft jenes uns nur allzu vertraute Streben nach Naturnähe, das stets in landschaftszerstörerischer Veränderung noch ursprünglicher Natur zu enden pflegt. Gemeint ist die Neigung wohlhabender Bürger, die landschaftlich schönsten Flecken durch Bebauung zu vereinnahmen:

«Ich sage euch: Wie lange noch, dann gibt es keinen See mehr, in den nicht die Giebel eurer Villen schauen! Keinen Fluß, dessen Ufer nicht eure Landsitze umkränzen! Überall, wo die Adern warmer Quellen aus der Erde hervorsprudeln, werden neue Gaststätten des Luxus entstehen. Überall, wo die Meeresküste zu einer Bucht einschwingt, werdet ihr Fundamente legen zu einem Palastbau. Und nicht zufrieden mit einem Grundstück, das nicht künstlich umgeschaffen ist, werdet ihr das Meer hineinleiten[298].»

Prophetische Worte, denen man es kaum anmerkt, daß sie vor fast 2000 Jahren niedergeschrieben wurden!

So hart die wenigen römischen Kritiker indes mit der Naturverwüstung und -verschandelung durch Großbauten ins Gericht gingen, so eindeutig ist auf der anderen Seite der historische Befund: Seit dem ersten vorchristlichen Jahrhundert kannte man kaum noch Skrupel, in das natürlich gewachsene Landschaftsbild durch den Bau öffentlicher und privater Gebäude einzugreifen. Das Zurückdrängen der Natur wurde von den allerwenigsten als «Umweltsünde» begriffen. Eher war das Gegenteil der Fall: Man sah darin einen Triumph der Zivilisation, den man je nach Temperament bestaunte, bewunderte oder – wie Statius – hymnisch feierte.

Lebensspender als Verursacher eines Notstandes

Vor diesem Hintergrund ist die Entscheidung über ein Projekt zu beurteilen, das im Jahre 15 n. Chr. heftige Diskussionen und Proteste auslöste: der Plan einer Tiber-Regulierung durch Ableitung einiger Nebenflüsse.

Vorangegangen war eine gewaltige Überschwemmung, die die niedrig gelegenen Stadtteile Roms unter Wasser gesetzt und erhebliche Gebäudeschäden angerichtet hatte. Auch Menschenleben waren zu beklagen[299]. Wieder einmal, kann man hinzufügen. Denn es kam alle paar Jahre vor, daß der Tiber solch ein Hochwasser führte, daß er im Stadtgebiet über die Ufer trat und große Flächen überschwemmte. Besonders betroffen waren stets das Marsfeld, die Via Flaminia und die Via Lata zu beiden Seiten sowie die Gegend des Circus Maximus und des Emporium im Süden des Aventins. Mitunter wurden auch Teile des Forum Romanum – Vesta-Tempel und Regia, der Amtssitz des Pontifex maximus – überflutet.

Die Schäden, die diese periodisch wiederkehrenden Hochwasser-Notstände[300] verursachten, waren beträchtlich. «In

Rom und besonders an der Via Appia in der Gegend des Marsfeldes herrscht eine riesige Überschwemmung», schreibt Cicero im Jahre 54 v. Chr. an seinen Bruder Quintus: «Crassipes' Wandelhalle ist weggespült, Gärten und zahlreiche Buden ebenfalls; eine endlose Wasserfläche bis zum städtischen Fischteich ...[301].»

Hauseinstürze waren in solchen Fällen an der Tagesordnung, und nicht selten rissen die Fluten auch Menschen und Vieh in den Tod. Besonders tückisch war das Tiber-Hochwasser, weil es ganz plötzlich eintreten konnte. «Häufig und plötzlich schwillt er an», stellt Plinius in seinem Abriß über den Tiber fest, «und seine Wassermassen breiten sich nirgendwo mehr aus als in der Hauptstadt selbst»[302]. So kam es, daß die Menschen manchmal über Nacht vom Ansteigen der Fluten überrascht wurden und dann nur noch sich selbst in Sicherheit bringen konnten[303]. Für sie war es wenig tröstlich, daß der Tiber sich in der Regel rasch wieder «beruhigte»: Das Ausmaß der Schäden und der Aufräumarbeiten war durch solche kurzen Überschwemmungsperioden nicht viel geringer, als wenn die Flut mehrere Tage – maximal sind sieben überliefert[304] – anhielt.

Welch zerstörerische Wirkung von den Wassermassen des «gelben Tibers» ausgehen konnte, zeigt auch die – falsche, aber gerade deshalb sehr aussagekräftige – Vulgäretymologie seines Namens. Der Vergil-Kommentator Servius meint, das «Abrasierende», «Drohende» sei das Charakteristikum des Tibers hinsichtlich seiner Ufer – «so sehr, daß er von den Alten ‹Rumon› genannt worden ist, so als wenn er die Ufer anknabbere *(ruminans)* und zerfresse». In manchen Stadtteilen, weiß Servius weiterhin zu berichten, nenne man den Tiber «Terentum», «weil er die Ufer abreibe *(terat)*»[305] – auch dies eine abenteuerliche etymologische Spekulation, die überhaupt nur wegen der berüchtigten destruktiven Kraft des Stromes Glauben finden konnte.

Es wäre jedoch falsch, daraus zu schließen, die Römer hätten im Tiber hauptsächlich eine bedrohliche Macht gesehen. Das war keineswegs der Fall. Vielmehr wußte man die Vorteile sehr wohl zu schätzen, die dieser schiffbare und für die Landwirtschaft großer Gebiete lebensnotwendige Strom seinen Anwohnern bot. Als «friedlichsten Handelsherrn zur Herbeischaffung aller Erzeugnisse vom ganzen Erdkreis» preist Plinius ihn[306], und der Gott Tiberinus, die Personifikation des Flusses, genoß hohe kultische Ehren[307] – den Römern war durchaus bewußt, daß sie dieser wichtigen West-Ost-Verkehrsader zwischen der Küste und dem Landesinneren und der im Bereich der Tiberinsel relativ leichten Überquerbarkeit im Verlauf der Nord-Süd-Verbindung zwischen Etrurien und Kampanien die Standortvorteile – und damit die Grundlage zur Größe – ihrer Stadt verdankten[308].

Wie sehr der Tiber auch als Nährer und Lebensspender, ja als Inbegriff des italischen Landes verehrt wurde, zeigt die Bitte, die Vergil seinen Helden Aeneas an den Strom richten läßt:

«... Und du mit deinen geheiligten Fluten,
Vater Thybris, ach, nehmt den Aeneas in euren Schutz auf
und entreißt ihn doch einmal den grausen Gefahren. Bei welcher
Quelle auch immer dein Wasser dich, unseres Elends Erbarmer,
berge, an welcher Stelle du auch emporquillst, o Schönster!
Dich soll immer mein Dank, mein Opfer immer dich preisen,
horngeschmückter Fluß, Hesperiens Flutenbeherrscher[309]!»

Geburt einer verwegenen Idee

Soviel zum Hintergrund des spektakulären Projekts, das im Jahre 15 n. Chr. noch unter dem Eindruck der gerade erlebten verheerenden Überschwemmung leidenschaftlich diskutiert wurde. Urheber der kühnen Regulierungs-Idee waren die Senatoren Ateius Capito und Lucius Arruntius. Sie hatten von Kaiser Tiberius den Auftrag erhalten, Vorschläge für eine

Eindämmung oder, wie Tacitus wörtlich sagt, eine «Zügelung» des Tibers zu erarbeiten[310].

Der Plan, den sie einige Monate später zur Debatte stellten, war in der Tat geeignet, dem mächtigen Strom Zügel anzulegen. Das Wasserbauprojekt sollte sich grundsätzlich an dem Gedanken orientieren, das Wasser-Volumen des Tibers durch Ableitung von Flüssen und Seen, aus denen er sich speiste, zu verringern. Eine besondere Rolle spielte dabei der Nar, die heutige Nera: Sie sollte in Kanäle abgeleitet werden. In ähnlicher Weise sollte der Glanus, der heutige Chiani, abgeleitet werden. Auch die mit diesen Nebenflüssen in Verbindung stehenden Seen waren nach den Vorstellungen der beiden Senatoren in das Regulierungskonzept zu integrieren[311]. Ein ehrgeiziges Unterfangen, das freilich nach modernen Berechnungen nur einen Fehler hatte: Es wäre ineffizient gewesen, da die beabsichtigte Wirkung auf die Wasserhöhe des Tibers ausgeblieben wäre. Und es wäre zudem angesichts des bescheidenen Know-hows des Altertums im Bereich des Wasserbaus kaum zu realisieren gewesen[312].

Hätte man den Vorschlag des Ateius und des Arruntius ins Werk gesetzt, so hätte das an den Ursachen der Überschwemmungen wenig geändert. Als wesentliche Faktoren für die Entstehung des Tiber-Hochwassers kamen nämlich einerseits langanhaltende, ertragreiche Regenfälle in Frage, andererseits eine rasche Schneeschmelze im Apenninengebiet, unter Umständen in Verbindung mit starken Niederschlägen[313]. Ob die Abholzung von Gebirgswäldern im Einzugsbereich des Tibers und das dadurch begünstigte schnelle Abfließen des Regenwassers an den Berghängen zum plötzlichen Anschwellen des Flusses beigetragen hat, ist nicht sicher zu sagen. Um die Zeitenwende war der Apennin noch recht stark bewaldet, und in den nachfolgenden Jahrhunderten ist, soweit die Quellen eine verläßliche Grundlage bilden, kein signifikanter Anstieg in der Frequenz der Überschwemmungen zu registrieren. Insofern erscheint Vorsicht geboten, der Bodenerosion und ihren Folgen für den Wasserhaushalt die Schuld an den Tiberüberschwemmungen zuzuweisen.

Im «Hearing» formiert sich Widerstand

All das sind indes aus der Sicht des Altertums müßige Vermutungen. Denn es kam gar nicht erst soweit, daß die Realisierung der vorgeschlagenen Tiber-Regulierung ernsthaft erwogen wurde. Die Widerstände gegen diesen massiven Eingriff in die Natur waren zu stark. Das wurde im Verlaufe eines «Hearings» deutlich, bei dem die Betroffenen zu dem Plan der beiden Senatoren Stellung nehmen konnten. Tacitus berichtet über die Reaktionen der Anrainer:

«Man hörte dazu Abordnungen aus den Landstädten und Kolonien. Dabei baten die Florentiner, man solle sie nicht durch Ableitung des Glanis aus dem gewohnten Bett in den Arno in eine verhängnisvolle Lage bringen. Eine damit übereinstimmende Ansicht trugen die Interamnaten vor: Zugrundegehen würden die fruchtbaren Gefilde Italiens, wenn der Nar – das nämlich plante man – in Kanäle geleitet einmal übertrete. Auch die Reatiner schwiegen nicht, indem sie sich dagegen wehrten, daß der See Velinus da, wo sich sein Ablauf in den Nar ergießt, abgedämmt werde. Denn er werde das angrenzende Land überfluten: Aufs beste habe für das Wohl der Menschen die Natur gesorgt, die den Flüssen ihre Mündung, ihren Lauf und wie die Quelle, so auch das Ziel angewiesen habe. Beachten müsse man auch die religiösen Vorstellungen der Bundesgenossen, die den heimischen Flüssen Heiligtümer, Haine und Altäre gewidmet hätten. Ja, der Tiber selbst wolle nicht seiner Nebenflüsse beraubt in minderer Herrlichkeit dahinströmen[314].»

Welche der vorgetragenen Gründe auch den Ausschlag gegeben haben mögen, der Beschluß des Senates war eindeutig:

Er sprach sich gegen das Projekt aus – so die Darstellung des Tacitus, der sich ausdrücklich davor hütet, «den» entscheidenden Grund für die Ablehnung anzugeben: «Die Bitten der Kolonien *oder* die Schwierigkeiten des Unternehmens *oder* auch die religiösen Bedenken gewannen die Oberhand, so daß man der Meinung des Piso beitrat, der beantragt hatte, daß nichts geändert werden dürfe[315].»

Offensichtlich wirkten sehr unterschiedliche Erwägungen zusammen, als es zur Abstimmung über das aus heutiger Sicht utopische Regulierungsprojekt kam – zum einen erschien es aus politischen Gründen wenig opportun, sich über den dezidierten Widerstand einer Reihe von Anlieger-Gemeinden hinwegzusetzen, die um ihre ökonomischen Grundlagen fürchteten. Die Folgen für die Landwirtschaft waren in den betroffenen Gebieten kaum abzusehen; die Furcht vor einem Mangel an Wasser, das bislang reichlich zur Bewässerung von Feldern und Weiden zur Verfügung gestanden hatte, beziehungsweise vor Überflutungen bisher hochwassersicherer Gegenden führte zu verständlichen Protesten gegen ein Projekt, das die Hauptstadt zu schützen versprach – aber auf Kosten der «Provinz»!

Eine kritisch-realistische Überprüfung des Vorschlags stellte zudem rasch die Frage nach der technischen Machbarkeit. War dieses Unternehmen, für das es in der Geschichte der antiken Ingenieurstechnik nichts auch nur entfernt Vergleichbares gab, nicht doch einige Nummern zu groß? Berechtigte Zweifel waren jedenfalls angebracht; und es scheinen solche kritischen Stimmen laut geworden zu sein, die vor einer Überschätzung der eigenen Kräfte warnten.

Sieg der Vernunft – praktisch wie ökologisch

In diese Skepsis mischten sich Bedenken, die durchaus als Ausdruck ökologischen Bewußtseins gewertet werden können. Man schreckte vor dem beabsichtigten Eingriff in eine natürliche Ordnung zurück, die letztlich zum Wohle der Menschen geschaffen schien – mochte sich das mitunter auch anders darstellen, wenn diese übliche Ordnung scheinbar außer Kraft gesetzt wurde. Im Zeitalter vergleichsweise hemmungsloser «Nutzung» und Überwindung der Natur in der Architektur eine bemerkenswerte Argumentation: Die Natur habe den Flußlauf schon so gestaltet, wie es zu Nutzen und Frommen der Menschen sei. *Sie* hätten sich nach diesen Gegebenheiten zu richten – was sie in Form von Heiligtümern und heiligen Hainen als Ehrung für die Flußgötter täten – und nicht umgekehrt. Die willkürliche Umleitung eines Flußbettes wird so als Frevel an einem ursprünglichen Zustand verstanden, dem sich die Menschen im Gehorsam gegenüber einer höheren, nicht immer rational erfaßbaren Ordnung zu beugen haben. Die Pläne des Ateius und des Arruntius lassen einen Mangel an Ehrfurcht gegenüber der Natur erkennen – und «Aufgabe» religiöser Bedenken ist es, dem entgegenzuwirken und die frevelhaften Bestrebungen zu Fall zu bringen.

Es ist im Altertum nicht oft vorgekommen, daß sich diese Einstellung durchgesetzt hat. Auch wenn das Fazit spekulativ ist: Vermutlich war es das Zusammenwirken unterschiedlichster Bedenken, das das Tiber-Regulierungsprojekt noch ganz in seinen Anfängen stoppte – ein Punktsieg des Naturschutzgedankens, aber beileibe kein Triumph.

Der Vollständigkeit halber sei erwähnt, daß als Konsequenz des Hochwassers von 15 n. Chr. im Zusammenhang mit den Bemühungen um eine Schadensbegrenzung für die Zukunft eine neue, durchaus nützliche Behörde geschaffen wurde: Das fünfköpfige Kollegium der *curatores alvei Tiberis et riparum* – eine Senatskommission, die sich um das Flußbett und die Ufer des Tibers zu kümmern hatte[316]. Ihre Kompetenzen erstreckten sich auf die Instandhaltung des Flußbettes, die Aufsicht über die Nutzung des Stromes, das Einschreiten gegen mißbräuchliche Nutzung und die für die Eigentumsverhältnisse wichtige Termination der Ufer[317]. Es ist eine Reihe von Inschriften überliefert, die eine aktive, energische und nutzbringende Tätigkeit dieser Aufsichtsbehörde erkennen lassen.

So gesehen hatten die nach der großen Überschwemmung des Jahres 15 n. Chr. angestellten Überlegungen in zweifacher Hinsicht ein gutes Ergebnis: einmal in der positiven Entscheidung für die Schaffung einer vernünftigen Fluß-Administration und zum anderen in der Absage an ein ebenso naturzerstörerisches wie unnützes Großprojekt. Es blieb einem Gelehrten des 20. Jahrhunderts vorbehalten, diese skrupulöse, weise Entscheidung als Ausdruck einer senatorischen Starrköpfigkeit zu interpretieren, die es aus falsch verstandenem Konservativismus abgelehnt habe, «Überschwemmungen durch Talsperren vorzubeugen, statt sie durch Prozessionen zu sühnen»[318].

Eine Vergiftungskatastrophe am Ende?

Das Blei als «römisches Metall»

«Furchtbares Gift» – Marmorstaub und Terpentin als Konservierungsmittel für Wein

«Durch so viele giftige Zusätze wird der Wein gezwungen zu munden, und wir wundern uns dann, daß er schädlich ist![319]»

Was wie das resignierte Aufstöhnen eines Lebensmittelchemikers angesichts der Glykol- und anderer Weinpanschskandale des letzten Jahrzehnts klingt, ist in Wirklichkeit die bittere Feststellung des römischen Naturforschers Plinius, eine fast 2000 Jahre alte Kritik an den dubiosen Praktiken, mit denen schon römische Winzer und Händler den Wein schmackhafter und haltbarer zu machen bemüht waren. Skrupellosigkeit und gesundheitsgefährdende Betrügereien bei der Weinherstellung haben eine lange Tradition – das lehrt die Lektüre des 14. Buches der «Naturalis Historia», in dem sich Plinius auch mit den Schattenseiten des antiken Weinbaus auseinandersetzt. Künstliche Aromatisierung und Färbung der Weine waren in der römischen Kaiserzeit ebenso üblich wie der Zusatz tatsächlicher oder vermeintlicher Konservierungsmittel. Die Palette dieser «Geheimrezepte» war breit; sie reichte von Pech und Harz über Gips, Marmorstaub, Pottasche und Schwefel bis zu Aschenlauge, Terpentin und Kreide.

Einzelne Weinkenner wie Plinius mochten an dieser zum Teil abenteuerlichen Verfälschung von Geschmack und Farbe[320] Anstoß nehmen; so auch der Agrarschriftsteller Columella, der sich zum Reinheitsgebot für Wein unmißverständlich so bekennt: «Jede Weinsorte, die ohne Zusatz dauerhaft ist, halte ich für die beste, und ich meine, daß man ihr gar nichts beimischen soll, wodurch ihr natürlicher Geschmack verändert werden könnte, denn das Beste ist immer das, was seinem eigenen Wesen nach gefallen kann[321].»

Gleichwohl waren solche Stimmen eher untypisch. Die meisten Römer schätzten gerade den «angereicherten» Geschmack; eine kritische Einstellung gegenüber mehr oder weniger unnatürlichen Zusätzen war ausgesprochen unterentwickelt. Die Konsumenten hörten weder auf ärztliche Warnungen[322], noch ließen sie sich von bissigen Kommentaren aus dem Munde von Satirikern beeindrucken: Da konnte Martial ruhig den «geräucherten» Wein aus Marseille als «furchtbares Gift» *(toxica saeva)* brandmarken – der Wertschätzung (und dem hohen Preis) dieses «Giftes» tat das keinen Abbruch[323].

Bleiverseuchter Rebensaft

Daß die dem Wein beigemischten Substanzen besonders gesundheitsfördernd gewesen wären, wird man in der Tat nicht behaupten. Trotzdem kann man sarkastisch formulieren: Die antiken Kritiker des «Giftweins» wußten gar nicht, wie recht sie hatten. Sie übersahen nämlich einen höchst toxischen Wirkstoff, der den Wein sehr häufig kontaminiert hat: Blei. Manches spricht dafür, daß die Gesundheitsstörungen und -schäden durch Weingenuß, die sie anderen Zusätzen anlasteten, in Wirklichkeit auf das Blei zurückzuführen waren, das im Wein gelöst war.

Wie kam das Blei in den Wein?

Ein äußerst beliebter Zusatz, der den Wein zugleich süßer und haltbarer machte, war *sapa* («Sirup») beziehungsweise *defrutum* («Mostsaft»). Die beiden Süßstoffe wurden nach demselben Verfahren hergestellt, sie unterschieden sich nur in der Konzentration. Saft aus besonders ausgereiften Trauben wurde durch Aufkochen eingedickt, wobei nach Plinius' Darstellung *sapa* bis zu einem Drittel und *defrutum* zur Hälfte eingekocht wurde[324].

Das Rezept wird von Fachschriftstellern wärmstens empfohlen, um qualitativ minderwertige Weine aufzubessern – «ein Werk kluger Erfindung, nicht der Natur», stellt selbst Plinius anerkennend fest. Das Unheilvolle an der Herstellung von *sapa* und *defrutum* liegt indes darin, daß dabei vornehmlich Bleigefäße verwendet wurden. Ausgerechnet Columella, der sich so energisch für Rebensaft ohne jegliche Zusatzstoffe ausspricht, betont auf der anderen Seite, daß, wenn man denn zu Most-Additiven greife, das Aufkochen unbedingt in Bleitöpfen erfolgen solle: «Die Behälter selbst, in denen Sirup oder Mostsaft abgekocht wird, sollen lieber aus Blei als aus Bronze sein. Denn die bronzenen geben beim Kochen Grünspan ab und beeinträchtigen den Geschmack des Zusatzes.»[325]

Man sah es zwar nicht, aber die bleiernen Gefäße gaben auch etwas ab, und zwar etwas bedeutend Schädlicheres als Grünspan: Durch den intensiven Erhitzungsprozeß löste sich Blei in dem aufkochenden Most. Geschmacklich war dieser unbeabsichtigte Nebeneffekt fatalerweise auch noch willkommen, weil das aufgelöste Blei und seine Salze die erwünschte Süße des Mostes noch verstärkten. Die so kontaminierte *sapa* wurde dann dem Wein beigemischt, der von den arglosen Konsumenten als erfreulich lieblicher Rebensaft geschätzt und in großen Mengen getrunken wurde. Auf diese Weise gelangten erhebliche Mengen von Blei in den Körper zahlloser Weintrinker. Kein Wunder, daß sich immer wieder Symptome von Bleivergiftung zeigten. Der griechische Arzt Dioskurides notierte, daß «der Zusatz von *sapa* und *defrutum* Kopfschmerzen, Trunkenheit und Magenbeschwerden verursachen» könne[326], doch brachte er diese Beobachtung ebensowenig wie andere Ärzte des Altertums mit der Verunreinigung des Weins durch Blei in Verbindung – angesichts des recht unspezifischen Krankheitsbildes einer akuten Bleivergiftung, die auch heute schwer diagnostizierbar ist, braucht das nicht zu erstaunen.

Die Unbekümmertheit, mit der Bleigefäße in römischer Zeit nicht nur benutzt, sondern wie von Columella geradezu zum Gebrauch empfohlen wurden, läßt auf fehlendes Gefahrenbewußtsein schließen. Blei galt offenbar als unbedenklicher Stoff, von dem keinerlei Gefährdungen für die menschliche Gesundheit auszugehen schienen.

«Daher scheint es gar nicht gut, Wasser durch Bleiröhren zu leiten...» – Überhörte Warnungen vor Trinkwasser-Kontamination

Aber gab es nicht doch Alarmzeichen? Schaut man sich in der antiken Literatur um, so stößt man sehr wohl auf Bedenken, Warnungen und Beobachtungen, die Verdacht hätten erregen können. Daß die Arbeit in Bergwerken allgemein wegen der dort entstehenden Stäube und giftigen Ausdünstungen riskant sei, war weithin bekannt[327]. Ebenso wußte man, daß Erde, Luft und insbesondere Wasser rings um Minen jeder Art häufig kontaminiert waren[328]. Was speziell Blei angeht, so fand Plinius in seinen Quellen, daß Bleidampf ausgesprochen gefährlich sei: Wenn Blei koche, so müsse man Mund und Nase verschließen, weil der aus dem Ofen ausströmende Bleidampf schädlich sei, ja sogar – zumindest auf Hunde – tödlich wirke[329]. Mit Sicherheit ging der Bau hoher Schornsteine in den spanischen Silber- und Bleischmelzen, die die bedrohlichen Dämpfe hoch in die Luft hinausschleudern sollten, auf schlechte Erfahrungen mit Blei zurück, auch wenn Strabo die Gefahr dem Silber anlastet[330]. Daß *cerussa* (Bleiweiß), in der Kosmetik gern als weiße Schminke gebraucht, bei falscher – nämlich oraler – Anwendung zum Tode führe, hatte sich ebenfalls herumgesprochen[331]. Und auch das rote Bleioxid Mennige galt als so gefährlich, daß man seinen Staub auf keinen Fall einatmen dürfe[332].

Schließlich der *locus classicus* unter den Warnungen vor dem Umweltgift Blei. Er findet sich bei Vitruv, dem römischen Architekturschriftsteller, der zur Zeit des Augustus lebte. Im Zusammenhang mit der Anlage von Wasserleitungen führt Vitruv folgendes aus: «Wasser aus Tonröhren ist gesünder als das durch Bleiröhren geleitete, denn das Blei scheint deshalb gesundheitsschädlich zu sein, weil aus ihm Bleiweiß entsteht. Dies aber soll dem menschlichen Körper schädlich sein. Wenn nun das, was aus ihm entsteht, schädlich ist, kann es auch selbst zweifellos der Gesundheit nicht zuträglich sein. Ein Beispiel hierfür können die Bleiarbeiter liefern, weil sie eine bleiche Körperfarbe haben. Wenn nämlich Blei geschmolzen und gegossen wird, dann entzieht der von ihm ausströmende Dampf, der sich an den Gliedern des Körpers festsetzt und sie von dort ausbrennt, ihren Körperteilen die wertvollen Eigenschaften des Blutes. Daher scheint es ganz und gar nicht gut, daß man Wasser durch Bleiröhren leitet, wenn wir der Gesundheit zuträgliches Wasser haben wollen.»[333]

Keine Frage: Ganz sicher ist sich Vitruv seiner Sache nicht. Er drückt sich vorsichtig aus, indem er sich aufs Hörensagen beruft: Blei *scheint* gesundheitsschädlich zu sein; Bleiweiß *soll* dem menschlichen Körper schädlich sein *(videtur … dicitur)*. Daß sich Blei unheilvoll auf den menschlichen Organismus auswirke, war also keine gesicherte Erkenntnis. Aber wichtige Indizien sprachen dafür: nicht zuletzt der rapide und deutlich sichtbare körperliche Verfall derer, die beruflich mit der Förderung und Schmelze von Blei zu tun hatten. Wären sie nicht überwiegend Sklaven gewesen, hätten sich die Mediziner vielleicht etwas mehr um diese Berufskrankheit gekümmert. So aber blieb es bei Gerüchten und mehr oder weniger fundierten Spekulationen über die vom Blei ausgehende Gefahr. Gewiß, auch die Zusammenstellung der Belege, in denen die toxische Qualität des Bleis erwähnt wird, darf nicht überbewertet werden. Im Lichte dessen, was wir heute über Bleivergiftung und ihre verheerenden Folgen wissen, stellen sich diese Aussagen anders dar, erhalten sie ein viel stärkeres Gewicht als in ihrem antiken Kontext, der nicht selten durch Beiläufigkeit charakterisiert ist.

Und doch: Im Überhören der Alarmsignale, im geflissentlichen Übersehen warnender Anzeichen liegt auch ein Gutteil bewußter Wegseh-Mentalität, die Haltung, angesichts potentieller Gefahren, die vom Blei ausgingen, lieber den Kopf in den Sand zu stecken, als den Dingen auf den Grund zu gehen und damit möglicherweise das Risiko in Kauf zu nehmen, auf dieses so nützliche, vielverwendete – und nicht zuletzt relativ billige – Metall verzichten zu müssen. Vielleicht setzt diese Unterstellung indes schon viel zu großes Umweltbewußtsein voraus; vielleicht erklärt sich die allgemeine Taub- und Blindheit gegenüber den Gefährdungen durch den Risikostoff Blei einfach nur mit einer Gedankenlosigkeit, die sich wie selbstverständlich an dem orientierte, was war, und nicht an dem, was vielleicht besser sein sollte oder besser nicht sein sollte.

Ein nützliches, preiswertes Metall – vom Kinderspielzeug aus Blei bis zu bleihaltigen Kosmetika

Tatsache war: Blei erfreute sich besonders in der römischen Welt großer Beliebtheit. Angesichts seiner vielfachen Verwendung hat man nicht zu Unrecht vom «römischen Metall» schlechthin gesprochen. Die Förderung war verhältnismäßig unproblematisch; Blei kam in allen Silberbergwerken als Nebenprodukt des Silbers vor. Die wichtigsten Bleiminen der Alten Welt lagen in Südattika (Laureion), in Spanien, Britannien sowie auf Sardinien. Aber auch in Makedonien, Kilikien und Nordafrika, auf Rhodos und Zypern, in Gallien und selbst in Italien wurde Blei gewonnen. Angesichts der Fülle von Blei-Ressourcen konnte man es sich erlauben, weniger profitable Bergwerke stillzulegen[334]. Der Preis des Bleis war dementsprechend gering; zu Plinius' Zeiten kostete ein Pfund Blei je nach Qualität nur zwei Sesterze[335].

Wie sehr das Blei zum «römischen Metall» avancierte, zeigen die Schätzungen der Produktionsmengen. Auch wenn es sich dabei um sehr unsichere, zum Teil spekulative Zahlen handeln mag, ist doch die Größenordnung recht aussagekräftig. Nach eher vorsichtigen Berechnungen wurden während der Kaiserzeit im gesamten Imperium sechs bis acht Millionen Tonnen Blei gefördert mit Jahresrekorden an die 60000 Tonnen – eine Größenordnung, die erst wieder in der Mitte des 19. Jahrhunderts erreicht wurde[336]. Andere Schätzungen, die allerdings auch den gesamten asiatischen Raum einbeziehen, liegen wesentlich höher: Danach belief sich die weltweite Gesamtproduktion an Blei von den frühesten Zeiten bis 500 n. Chr. auf etwa 39 Millionen Tonnen; davon entfielen allein ca. 18 Millionen Tonnen, also etwas weniger als die Hälfte, auf die «Römerzeit» zwischen 200 v. und 500 n. Chr.[337]. Auch die Vergleichszahlen zu heute sind nicht uninteressant, wenngleich auch sie mit erheblichen Unsicherheitsfaktoren belastet sind. Nach den Berechnungen Pattersons erreichte der Jahresverbrauch an Blei in der römischen Kaiserzeit 4000 g pro Person, nicht allzu weit entfernt von heutigen US-Werten, die bei 5500 g liegen. Realistischer scheinen indes die von Russell ermittelten Werte zu sein; er errechnete 540 g jährlichen Blei-«Konsum» pro römischen Staatsbürger[338] – für eine vorindustrielle Gesellschaft ein erstaunlich hoher Pro-Kopf-Verbrauch.

Verlockend am Blei waren nicht nur Verfügbarkeit und günstiger Preis, sondern auch die technischen Qualitäten des Metalls. Es ist leicht formbar, weitgehend korrosionsbeständig und hat mit 327 °C einen vergleichsweise niedrigen Schmelzpunkt; seine Dichte und Schwere sind bei entsprechender Verwendung weitere Pluspunkte. Angesichts dieser Vorteile ist es nicht erstaunlich, daß Blei vielfältig verwendet wurde: zur Herstellung von Gefäßen wie für Schreibtafeln, für Kinderspielzeug wie für Eintrittsmarken für öffentliche Schauspiele *(tesserae)*, für Urnen wie für Votivstatuetten. Im militärischen Bereich goß man es in die Form von Schleuderbleien, im zivilen wurde sein hohes spezifisches Gewicht bei der Anfertigung von Kugeln und Gewichten genutzt, mit denen man Angeln und Fischernetze beschwerte. Auch Gewichtssteine waren häufig aus Blei gefertigt. Ferner erfreute es sich großer Beliebtheit in der Kosmetik; Bleiweiß diente neben Kreide als Schminke, die etwa Ovid in seinem kleinen Gedicht über «Die Pflege des weiblichen Gesichts» kosmetikbewußten Damen empfiehlt: «Weder soll Bleiweiß noch der Schaum roten Natrons dir fehlen ...»[339].

Auch in der Medizin glaubte man nicht ohne Blei auskommen zu können. Gebranntes Blei diente als rasches, weil zusammenziehendes und Narben bildendes Heilmittel bei Wunden, ferner als Mittel gegen Warzen, Geschwüre und Hämorrhoiden. Schließlich wurde es auch von Moralisten im mühevollen Kampf gegen den menschlichen Sexualtrieb geschätzt: Bleiplatten, auf Lenden und Nieren gelegt, schrieben sie durch ihre Kälte hemmende Wirkung auf den Wollusttrieb zu, und auch «wollüstige Träume und unfreiwillige, bis zur Krankheit gehende Samenergüsse» könnte man, glaubten sie, durch diese Bleiplatten-Behandlung reduzieren. «Der Redner Calvus soll sich», berichtet Plinius in diesem Zusammenhang, «durch solche Mittel gezügelt und seine Körperkräfte zu seinem wissenschaftlichen Arbeiten erhalten haben»[340]. Es entbehrt nicht tragikomischer Züge, daß ausgerechnet jenes Metall, das, in entsprechenden Dosen im Körper angelagert, zu Unfruchtbarkeit führt, als

Patentmittel gegen unerwünschte Triebstärke gehandelt wurde!

fistulae plumbeae – Eine Gefahr für die Volksgesundheit?

Das meiste Blei wurde jedoch in einem «spezifisch römischen» Produkt verarbeitet, den berühmten bleiernen Wasserröhren, von denen sich ansehnliche Stücke erhalten haben. Überall in der römischen Welt wurden diese *fistulae plumbeae* hergestellt und verwendet. Es gab sie in zehn genormten Größen – einer der frühesten «Markenartikel» der Technik- und Wirtschaftsgeschichte mithin. Sie wurden in Längen von 10 römischen Fuß (2,95 m) gefertigt und wogen je nach Dicke (von 5–100 *digiti* ≙ 9,25–185 cm) zwischen 19,5 und über 390 Kilogramm[341]. Eingesetzt wurden sie meist als Zuleitungen in Häuser und andere Verbrauchsstellen, die von den Aquädukten beziehungsweise den von ihnen genährten Verteilungsbecken abzweigten.

Stellten diese Wasserleitungen aus Blei eine Gefahr für die Gesundheit der Bevölkerung dar? Nahmen die Römer mit Blei vergiftetes Trinkwasser in solchen Mengen zu sich, daß man mit chronischer Bleivergiftung als Volksseuche in der römischen Kaiserzeit rechnen muß?

Die Fragen lassen sich nicht mit einem eindeutigen Ja oder Nein beantworten. Große Bedeutung kommt in diesem Zusammenhang dem Härtegrad des Wassers zu. Als Faustregel läßt sich aufstellen: Je härter das Wasser, um so geringer die Gefahr einer Kontamination durch Blei. Durch die bei hartem Wasser verstärkt auftretenden Kalkablagerungen entstand relativ schnell eine Isolierschicht, die das Trinkwasser vor dem Bleimantel der Röhre schützte. Bei weicherem Wasser dagegen steigt das Risiko beträchtlich: Bei pH-Werten unter 6,5 löst sich das Blei im Wasser und vergiftet es – um so schwerer, je geringer die Durchflußgeschwindigkeit und je länger die Verweildauer des Wassers im System ist.

Wichtig wäre deshalb, den Härtegrad des von den Römern benutzten Trinkwassers feststellen zu können. Ebendies läßt sich jedoch nicht mit hinreichender Sicherheit klären, da die damals benutzten Quellen weitgehend unbekannt sind. Was die Hauptstadt selbst angeht, darf man wohl einen relativ geringen Verseuchungsgrad annehmen; sowohl die Qualität des heutigen, recht harten Wassers als auch die geologischen Indizien und nicht zuletzt die dicken Kalkablagerungen, die im Altertum eine regelmäßige Wartung und Reinigung der Röhren erforderlich machten und die sich in erhaltenen Wasserrohren zum Teil heute noch finden, legen die Vermutung nahe, daß eine besondere Gefährdung der stadtrömischen Bevölkerung nicht vorgelegen haben dürfte[342].

In anderen Regionen Italiens und in den Provinzen mag es freilich ganz anders ausgesehen haben. Überall dort, wo das Wasser weich war, ist mit einer spürbaren toxischen Wirkung auf den Organismus von Menschen zu rechnen, die in ihrem Leben große Mengen durch Bleiröhren geleiteten Wassers tranken. Besonders gefährdet waren diejenigen, die ihr Trinkwasser aus Bleitanks schöpften, die nicht selten zur Speicherung des zugeleiteten Wassers verwendet wurden.

Schließlich ein weiterer Risikofaktor: die Temperatur. Die Löslichkeit von Kalk im Wasser nimmt mit steigenden Temperaturen ab. In warmen Gegenden – und ein Großteil des in subtropischen Breiten liegenden Imperium Romanum gehörte dazu – bestand besonders in den Sommermonaten die Gefahr, daß sich zumal in neu installierten oder gerade gereinigten Rohren verstärkt Blei im Wasser löste. Wie anfällig für Korrosion Bleirohre durch warmes Wasser werden, war im Altertum im übrigen keineswegs unbekannt. Der Reiseschriftsteller Pausanias weiß aus seiner Zeit, dem 2. Jh. n. Chr., von warmem, aus dem vulkanischen Gebiet um Pozzuoli stammendem Wasser ein beträchtliches Zerstörungswerk zu berichten: «Das warme Wasser dort ist so scharf, daß es das Blei – es floß nämlich durch Bleiröhren – in wenigen Jahren zerfressen hat.»[343]

Nimmt man zu diesem Augenzeugenbericht die oben erwähnten Warnungen Vitruvs vor den Gesundheitsrisiken hinzu, die von bleiernen Wasserleitungen ausgehen könnten, so läßt sich schon eine gewisse Fahrlässigkeit im Umgang mit dem gefährlichen Metall konstatieren. Es wäre sicher übertrieben, wollte man hier schon direkt von einem Widerstreit von Ökonomie und Ökologie sprechen. Aber tendenziell wird man für die römische Kaiserzeit schon etwas Ähnliches feststellen können: Man ahnte zwar – und konnte es an manchen Indizien ablesen –, daß Bleiröhren in der Trinkwasserversorgung gesundheitlich nicht unproblematisch seien, aber man unterließ es wohlweislich, der Sache auf den Grund zu gehen – zu verführerisch war dieses technisch besonders geeignete, bequem zu handhabende und dazu noch vergleichsweise preiswerte Metall, als daß man es durch ein weniger riskantes, aber nicht so belastbares und deshalb auf Dauer kostspieligeres Material wie Tonröhren hätte ersetzen wollen.

So blieb es in der Regel dabei, daß es die Römer entgegen der Empfehlung Vitruvs vorzogen, Bleiröhren zu benutzen und damit *kein* «der Gesundheit zuträgliches Wasser zu haben»[344]. Wie stark die dadurch bedingte Belastung des menschlichen Organismus durch Bleigift gewesen ist, läßt sich angesichts der angedeuteten Unsicherheiten und Unwägbarkeiten nicht pauschal beantworten. Ohne Zweifel dürfte eine nicht geringe Zahl von Römern, bei denen sich die Risikofaktoren – weiches, warmes, lange in Bleitanks lagerndes Wasser, direkter Privatanschluß an die öffentliche Wasserversorgung durch Bleirohre – summierten, an Bleivergiftung und ihren chronischen Folgen gelitten haben. Ebensowenig wie es angebracht wäre, die Dinge zu dramatisieren, erlaubt es eine nüchterne Bewertung der verfügbaren Daten, Berichte und einigermaßen gesicherten Hypothesen, gewissermaßen Entwarnung zu geben. Daß sich das genaue Ausmaß der einschlägigen Verseuchung nicht ermitteln läßt, ist kein Grund dafür, das von den bleiernen Wasserleitungen ausgehende Potential an Gesundheitsschädigungen zu verharmlosen oder gänzlich zu bestreiten[345].

Gesundheitsschäden – «Zinsen für die Gier nach Sinnengenüssen»

Dies gilt insbesondere in Verbindung mit anderen Quellen möglicher Bleivergiftung. Und da steht, wie bereits im Zusammenhang mit dem unheilvollen Aufkochen von Rebensaft zu *sapa* und *defrutum* gezeigt, der Wein an erster Stelle. Daß zumal die römische Aristokratie dem Wein kräftig zugesprochen hat, ist bekannt. Die Darstellungen, ob es sich um heiter-laszive Schilderungen wüster Eß- und Trinkexzesse in Romanform, Klatschnachrichten aus dem Kaiserpalast oder Gardinenpredigten aus der Feder moralisierender Philosophen handelt, konvergieren in einem Punkt: Große Teile der römischen Oberschicht gaben sich in der Kaiserzeit einem Genußleben hin, zu dem extensiver Weinkonsum wie selbstverständlich gehörte – wenn er nicht sogar die Grundlage bildete.

Auch wenn man die notwendigen Abstriche macht, die die auf abschreckende Wirkung bedachten, empörten Klagen des Philosophie-Lehrers Seneca nahelegen, vermitteln seine Ausführungen über die Zusammenhänge zwischen ausschweifenden Zivilisationsgenüssen und Krankheiten ein anschauliches Bild der durch Völlerei ausgelösten Körperschwäche vieler Zeitgenossen vor allem aus den oberen sozialen Schichten:

«Daher die Blässe der Haut, das Zittern der durch Weingenuß aufgeschwemmten Muskeln und die erbärmliche Magerkeit – eher durch den verdorbenen Magen als durch Hunger. Daher der schwankende Gang und das ständige Wanken, wie bei eigentlicher Trunkenheit. Davon die nasse Haut am ganzen Körper ..., die dürren Finger an gichtisch erstarrten Gelenken, die Lähmung der gefühllos gewordenen, das Zucken der unablässig vibrierenden Nerven. Was soll ich noch sprechen vom Schwindel im Kopf? Von den Qualen in Augen und Ohren (...)? Oder von den zahllosen Fieberarten, die in wilden Anfällen gegen uns wüten, sich einschleichen mit leichten Schmerzen, teils über uns herfallen mit Schauern und gewaltigem Schüttelfrost?

Wozu soll ich noch die unzähligen anderen Krankheiten anführen, die Sühne und Buße des üppigen Lebenswandels?», fährt er fort, um dann zur Schlußfolgerung zu kommen: «So geschieht es, daß wir an so viel verschiedenen Leiden erkranken, wie es unserer Lebens- und Ernährungsweise entspricht.»

Die Frauen, fügt Seneca bitter hinzu, seien um keinen Deut besser als die Männer. Man brauche sich nicht über neue Frauenkrankheiten wie Gicht und Kahlköpfigkeit zu wundern: «Nicht die Natur hat die Frauen geändert, sondern sie sind den Zivilisationseinflüssen erlegen. Da sie an Zügellosigkeit den Männern nicht nachstehen, haben sie auch die körperlichen Beschwerden der Männer mit übernommen. Sie durchschwärmen genauso die Nächte, sie trinken ebenso viel und übertreffen sie sogar an Öl- und Weinverbrauch!»

Seine Philippika wider die lukullische Genußsucht seines Zeitalters gipfelt in einer Seneca-typischen Sentenz: «Wie gewaltig haben die Gesundheitsschäden sich entwickelt! Das sind die Zinsen, die wir für die jedes Maß und Gebot übersteigende Gier nach Sinnengenüssen zu zahlen haben. Über die Unzahl der Krankheiten brauchst du dich nicht zu wundern: Zähle einfach die Köche!»[346]

Manche der von Seneca aufgezeigten Krankheits-Symptome könnten sich durchaus auf eine Bleivergiftung beziehen. Nachweisen läßt sich das auch wegen des diffusen Krankheitsbildes nicht. Wohl aber sprechen zahlreiche Indizien dafür, daß jenes chronische Leiden, das der römischen Oberschicht am meisten zugesetzt hat, vielfach durch den Genuß bleiverseuchten Weines ausgelöst und verschärft worden ist: die Gicht.

«Armuthassender Gott» – Die Gicht als Geißel der römischen Oberschicht

Gicht – das war die Geißel, unter der zahllose Römer litten. Daß es sich um eine durch Genußleben begünstigte Krankheit handelte, war im Altertum bekannt: «Gliederlösenden Bakchos' und gliederlösender Aphrodite gliederlösendes Kind: *Podagra* (Gicht) wird es genannt», dichtete ein griechischer Epigrammatiker. Und welche Qualen die *podagra* den von ihr Heimgesuchten bereitete, hat der große Spötter Lukian in seinem tragikomischen Dramolett «Tragopodagra» beschrieben. Aus der Klage der Hauptperson, des Podagristen:

> «Wie abgemergelt von den Fingerspitzen
> bis an das Äußerste der Füße dieser
> armselige Körper ist! Ein scharfer Schleim,
> genährt von böser Galle, drängt vergebens sich
> mit wildem Schmerz durch die verstopften Poren.
> Durch meine Eingeweide selber zuckt
> die feur'ge Pein, und ihre Flammenwirbel fressen
> das Fleisch mir von den dürren Knochen ab.
> So tobt das Feuer in des Ätna Schlünden;
> so drängen im Sizilischen Kanal
> die Meereswogen, in das labyrinthische
> Gewinde hohler Felsen eingezwängt,
> mit wütendem Gebrüll sich schäumend durch.
> Und, oh! was meine Qual aufs höchste treibt,
> kein Mensch kann sagen, wann sie enden wird[347].»

Eine sehr eingehende Schilderung der Höllenpein, die Gichtkranke durchlitten – und eine sehr realistische dazu. Denn Lukian wußte, wovon er sprach: Er selbst war *podagra*-Geschädigter.[348]

Derselbe Lukian wußte sehr wohl, daß es sich bei der Gicht um eine geradezu klassenspezifische Heimsuchung handelte, die vor allem die Reichen traf. Hier sein ob seiner Anschaulichkeit und sanften Ironie lesenswerter krankheitssoziologischer Befund, gekleidet in eine «Ode» an die Podagra:

«Armuthassender Gott, du einziger Zwingherr des Reichtums,
der tagein und tagaus herrlich zu leben versteht,
immerdar macht es dir Freude, auf Füßen von anderen zu sitzen,
immerdar locken Parfüms, locken dich Schuhe aus Filz,
immerdar reizt dich ein Kranz und ein Becher ausonischen Weines;
All das findest du nie bei einem Armen zu Haus.
Darum fliehst du auch stets die dürftige Schwelle der Armut,
sieh, und schleichst zu dem Fuß glänzenden Reichtums dich hin[349].»

Bleikonzentration im Blut: Je wohlhabender, um so höher

«Becher ausonischen Weines» – daß es zwischen der Aufnahme von Blei im menschlichen Körper und der Gicht eine medizinisch nachweisbare Kausalität gibt, ist eine gesicherte Erkenntnis. Schon um die Mitte des 19. Jahrhunderts fiel einem englischen Arzt auf, daß bis zu einem Drittel seiner an Gicht leidenden Patienten Handwerker waren, die bei ihrer beruflichen Tätigkeit häufig mit Blei in Berührung kamen[350]. In einer Anfang der siebziger Jahre erschienenen Veröffentlichung konnte der Medizinhistoriker G. V. Ball es als wahrscheinlich erweisen, daß die starke Anfälligkeit des englischen Landadels im 18. und 19. Jh. für Gichterkrankungen auf erheblichem Konsum ebenfalls bleiverseuchten Weines beruhte[351]. Die Parallele zur römischen Aristokratie in der Kaiserzeit ist offensichtlich; auch sie war ein Opfer dessen, was man ihre «bacchanalische Disposition» genannt hat[352]. Zumindest ein nicht unerheblicher Teil der Aristokraten-«Seuche» Gicht dürfte auf chronische Bleivergiftung zurückzuführen sein.

In detaillierten, wenngleich naturgemäß nicht ohne spekulative Momente auskommenden Berechnungen hat der kanadische Umweltschutzforscher Jerome O. Nriagu sich bemüht, die Bleimengen zu bestimmen, welche die Römer tagtäglich mit der Nahrung zu absorbieren pflegten. In einer umfassenden, im Jahre 1983 veröffentlichten Studie über «Blei und Bleivergiftung im Altertum» legte er die von ihm ermittelten Zahlen nach drei verschiedenen Bevölkerungsschichten differenziert vor: relativ trinkfesten Angehörigen der Oberschicht, Plebejern und Sklaven. Das Ergebnis ist einigermaßen aufsehenerregend: Für einen Aristokraten kommt er auf einen Durchschnittswert von 250 µg (Mikrogramm) pro Tag; ein Plebejer dagegen kam nur auf eine tägliche Bleidosis von 35 µg, ein Sklave gar erreichte nur durchschnittlich 15 µg.

Der Grund für diese erheblichen Diskrepanzen liegt im unterschiedlichen Konsumverhalten und Lebensstil. Wer reich war, aß und trank mehr, nahm also über die Nahrung erheblich größere Mengen Blei auf. Hinzu kommt, daß das in den Wasserröhren gelöste Blei ebenfalls hauptsächlich in den Körper der Wohlhabenden gelangte – sie verfügten über private, aus Bleiröhren gefertigte Wasseranschlüsse, während sich die große Masse der Bevölkerung ihr Wasser zwar mühsamer, aber offensichtlich gesundheitsförderlicher aus den allgemein zugänglichen Brunnen und Reservoirs holen mußte.

Es liegt somit einer der seltenen Fälle vor, daß die sozial schwächeren Schichten die geringere Umweltbelastung zu ertragen hatten. Normalerweise verhält und verhielt es sich ja umgekehrt: Wer dem Krach und Dreck der Großstadt entrinnen wollte, konnte das mit Hilfe seines Vermögens tun.

Mochte die Erosion seiner Felder und Weiden den Kleinbauern in Existenzsorgen stürzen, so verfügte der Großgrundbesitzer über genügend gutes Land, um Einbußen an anderer Stelle aufzufangen. Mochten unfreie Bergleute durch ihre Arbeit in den ungesunden, gefährlichen Gruben nach wenigen Jahren gesundheitlich ruiniert oder gar tot sein, der Normalbürger, erst recht der Angehörige der Oberschicht, blieb von solch verderblichen Umwelteinflüssen verschont. Nicht so im Falle der Schädigung durch Bleivergiftung: Hier war jemand um so gefährdeter, je mehr ihm sein Vermögen einen luxuriösen, bequemen Lebensstil ermöglichte.

Pandemische Bleivergiftung: ja – Katastrophentheorie: nein

Fragt sich nur, ob die zumindest von der Größenordnung her errechneten täglichen Blei-Dosen für nachhaltige Gesundheitsschädigungen «ausreichend» waren. Die Antwort darauf ist eindeutig: Die Durchschnittswerte des von römischen Oberschicht-Angehörigen absorbierten Bleis liegen weit über den Grenzwerten von 43 µg pro Tag, die die Weltgesundheitsorganisation als noch unbedenklich ansieht, nach Nriagus Ergebnissen durchschnittlich sechsmal so hoch, in Einzelfällen bis zum 35fachen[353]!

Fest steht auch, daß damit die Bleikonzentration im Blut Werte erreichte, die neben den tagtäglichen Beschwerden durch Bleivergiftung vielfach zu fatalen Langzeitfolgen geführt haben dürften: Anämie, neurologischen Erkrankungen, aber auch geringerer Fruchtbarkeit bei Männern und Frauen, abnormer Chromosomenbildung, erhöhtem Risiko von Früh- und Totgeburten und genetischen Schäden.

Es wäre wünschenswert, diese hauptsächlich aus der schriftlichen Überlieferung abgeleiteten, wenngleich relativ sicheren Hypothesen zur schon als pandemisch einzustufenden chronischen Bleivergiftung der römischen Oberschicht zusätzlich durch archäologisch-paläontologisch ermittelte Daten abstützen zu können, konkret: über die chemische Analyse menschlicher Gebeine aus der römischen Kaiserzeit den Nachweis signifikant höherer Bleiablagerungen gegenüber anderen Epochen führen zu können. Entsprechende Forschungen liegen zwar in einer englischen und einer deutschen Untersuchung publiziert vor; sie kommen jedoch zu unterschiedlichen, ja geradezu konträren Ergebnissen. Während die englische Untersuchung für die Zeit der römischen Herrschaft in Britannien deutlich erhöhte Bleikonzentrationen in den untersuchten Knochen nachweisen konnte, gelangte G. A. Drasch bei der Gebein-Analyse von 332 Personen, die zu unterschiedlichen Zeiten in Südbayern gelebt haben, zu der Feststellung, daß es zwischen der Bleikonzentration in der Römerzeit und der im Mittelalter keine nennenswerten Unterschiede gegeben habe[354]. Ein Gegenbeweis ist damit indes nicht geführt – denn niemand weiß, zu welcher Gesellschaftsschicht die Personen gehört haben, deren Gebeine Drasch untersucht hat.

Unter diesen Umständen ist Vorsicht geboten, wenn es gilt, aus der – im Prinzip kaum bezweifelbaren, in ihren Ausmaßen jedoch nicht sicher abzuschätzenden – Tatsache einer weitverbreiteten Bleivergiftung in den Reihen der römischen Oberschicht weitreichende historische Schlußfolgerungen zu ziehen. Daß der Fall des Römischen Imperiums mit der Ermattung und dem Aussterben der führenden Schicht infolge von Bleivergiftung zu erklären sei, hat erstmals A. Kobart im Jahre 1909 detailliert nachzuweisen versucht. Diese Untergangs-Theorie ist immer wieder einmal ins Feld geführt worden, zuletzt 1965 in einer kurzen Studie von S. C. Gilfillan. Zu einem ähnlichen Urteil gelangt auch, wenngleich etwas zurückhaltender, Nriagu: «Die vorliegende Untersuchung über die Produktion und den Gebrauch von Blei in der römischen Zivilisation – das häufig als ‹römisches Metall› bezeichnet wird – läßt stark darauf schließen, daß Bleivergiftung der aristokratischen Oligarchie einer der wahrscheinlichen Hauptgründe für die inneren Schwächen gewesen ist.»[355]

Ein moderates Urteil, zumal ja auch die äußeren Faktoren noch einzubeziehen sind, die im Zusammenspiel mit den inneren Ursachen schließlich zum Untergang des einst mächtigen Reiches geführt haben. Und doch scheint nicht zuletzt angesichts der schmalen Basis wirklich verläßlicher Informationen auf diesem Gebiet Skepsis angebracht. Wir wissen, daß zumindest Teile der Oberschicht an chronischer Bleivergiftung litten, und es gibt auch eine Reihe von Indizien, die bestimmte Dekadenzerscheinungen und die rückläufige natürliche Reproduktion des Adels damit in enge Beziehung zu setzen erlauben. Gleichwohl ist die spektakuläre Behauptung von der großen Vergiftungskatastrophe am Ende bislang keine hinreichend bewiesene Theorie.

Sie wird auch von den meisten ernstzunehmenden Forschern als indiskutabel abgelehnt. Dies schon insofern mit gutem Recht, als sich komplexe historische Prozesse nicht mit monokausalen Erklärungsmustern deuten lassen. Innerhalb des Ensembles zahlreicher Wirkkräfte indes, in deren kompliziertem Mit- und Gegeneinander die Gründe für die Instabilität und den Niedergang des Imperiums zu suchen sind, hat das «römische Metall» offenkundig eine gewisse Rolle gespielt, indem es die körperlichen und geistigen Kräfte der Elite nachhaltig geschwächt hat.

Ein unvermeidbares Verhängnis war diese pandemische Bleivergiftung der Führungsschicht nicht. Es hat warnende Stimmen gegeben, die auf die möglichen Risiken dieses Umweltgiftes hingewiesen haben.

Die toxische Wirkung des Bleis war zumindest bei bestimmten Verarbeitungsprozessen und «falschen» Anwendungen bekannt. Daß die römische Gesellschaft – und in ihr auch namhafte Ärzte – diesen Alarmsignalen und unbestimmten Vermutungen nicht auf den Grund gegangen ist, zeigt, wie lang die Tradition der Unbekümmertheit und Fahrlässigkeit im Umgang mit Stoffen zurückreicht, deren Nützlichkeit man nicht gern durch unbequemes Nachforschen in Frage stellen wollte.

Auf sogenannten Fluchtafeln aus Blei pflegte man Verwünschungen gegen Menschen aufzuschreiben, denen man alles Schlechte gönnte. Eine Fluchtafel, die eine Verwünschung jenes Metalls enthalten hätte, aus dem sie gefertigt war, hat sich bis heute nicht gefunden, und sie wird sich auch nicht finden lassen, weil niemand auf einen so «abwegigen» Gedanken gekommen wäre.

Schade. Denn hätten die angerufenen Götter solche Bitten erhört, den Menschen der römischen Kaiserzeit, allen voran der Oberschicht, wäre manches erspart geblieben.

«Also wandert von Haus zu Haus das gemeinsame Übel»

Ein Anstoß zu ökologischem Bewußtsein aus archaischer Zeit

«Solches Übel geht um…» – Solons Eunomie-Gedicht

«Ratschluß und Wille des Zeus und der selig-unsterblichen Götter
ist es, daß nie unsre Stadt sinkt in Verderben dahin.
Denn des Allgewaltigen stolze Tochter Athena
breitet von droben die Hand schirmend über sie aus.
Aber sie selbst, die Bürger, verlockt von der Gier nach dem Golde,
wollen in ihrem Wahn Unheil der mächtigen Stadt;
ruchlos ist die Gesinnung der Führer des Volkes, doch denen
hat schon das Schicksal bestimmt wegen solch frevelnden Muts
endlose Leiden zu dulden; sie wissen ja niemals die Lüste
maßvoll zu zügeln und nie sich zu bescheiden beim Mahl.
Reichtümer schachern sie all', achten Gesetz nicht noch Recht.
Weder von heiligem Gut, noch von des Staates Besitz
lassen die Finger sie weg, sie rauben und stehlen, wo's angeht.
Dikes heiliger Spruch kümmert die Ruchlosen nicht;
sie aber weiß um Vergang'nes und Künftiges auch, wenn sie schweiget,
rächend tritt sie hervor, ist ihre Stunde erst reif.
Das ist jeglichem Staat eine unentrinnbare Wunde;
elender Knechtschaft verfällt schnell eine Stadt, die die Glut
lodernden Bürgerzwists zu entfachen wagt, die verborgen
glimmende, die dann verschlingt Zahlloser Leben und Glück.
Aufruhr, der Frevlern lieb ist, entbrennt, und die Feinde im Innern
knebeln mit blut'ger Gewalt plötzlich die Stadt, die ihr liebt.
Solches Übel geht um im Volk; und Scharen Verarmter
kommen als Sklaven verkauft heimatlos weit in die Welt,
tief ist ihr Nacken gebeugt und das Haupt durch schmachvolle Fesseln.
Also wandert von Haus zu Haus das gemeinsame Übel;
auch das verrammelte Tor hält's deiner Wohnung nicht fern,
über die hohe Mauer klettert's und dringt es ins Innre,
magst du auch selber voll Angst flüchten ins tiefste Versteck.
Daran befahl mir mein Herz euch zu mahnen, o Volk der Athener!
Endlos mit Jammer beschwert Ungesetz unsere Stadt.
Wohlgesetz aber schafft Wohl und Heil für jegliches Wirken
und den Gesetzlosen legt zügelnde Fesseln sie an,

Trotziges mildert, Gelüste beschwichtigt und Übermut dämpft sie;
eh' noch es aufwächst, vertilgt sie das Verhängnis im Keim;
Recht, das gebeugt war, richtet sie grad und von Leidenschaft tolle
Herzen besänftigt sie rasch, Zwietracht beendet sie gleich,
Streites unreine Gluten erstickt sie. Auf das Gesetz nur
gründet das Gute der Mensch, baut er Beständiges auf.»

Warnung vor dem Kollaps – Die Entdeckung politisch-sozialer Gesetzmäßigkeiten

Was Solons berühmte Eunomie-Elegie mit dem Thema dieses Buches zu tun hat, ist auf den ersten Blick sicher nicht zu erkennen. Es ist ja ein politisches Gedicht, das Solon seinen Zeitgenossen, den Athenern des frühen 6. Jh. v. Chr., ins Stammbuch schreibt, in dem er die unhaltbaren sozialen Zustände ebenso anprangert wie das Verhalten der Mächtigen, die davor in aristokratischer Wohlgefälligkeit den Kopf in den Sand stecken. Eine aufrüttelnde Anklage, ein leidenschaftlicher Appell zur Umkehr auf den rechten Pfad der Eunomie, der «guten Ordnung», gewiß. – Aber ein Stück politischer Poesie, das über den Tag hinaus Gültigkeit beanspruchen kann? Reflexionen, die ihre historische Einbettung transzendieren, gar dem politologisch und soziologisch aufgeklärten Bildungsbürger des ausgehenden 20. Jahrhunderts noch etwas zu sagen haben?

Ich meine ja. Dann jedenfalls, wenn man die in der Elegie angesprochene Problematik auf die ökologischen Herausforderungen unserer Zeit bezieht. Dann gewinnt das zweieinhalb Jahrtausende alte Gedicht eine geradezu dramatische Aktualität, richtet sich die eindringliche Mahnung Solons an uns, die wir im ökologischen Bewußtwerdungsprozeß gerade da stehen, wo die Griechen damals im politisch-sozialen Lernprozeß standen: auf der Schwelle vom Mythos zum Logos.

Das Eunomie-Gedicht stellt einen Markstein in diesem Übergangsprozeß dar. Solon hat entdeckt, daß sich in einer Polis bestimmte Vorgänge mit fast gesetzmäßiger Zwangsläufigkeit vollziehen. Zwischen den einzelnen Aspekten und Faktoren des politischen und sozialen Lebens bestehen Zusammenhänge. Sie sind nicht isoliert, sondern zu einem Gesamtgeschehen verwoben. Und sie sind vor allem nicht gottgewollt und deshalb fatalistisch hinzunehmen. Statt dessen kommt es darauf an, die Kausalitäten zu erkennen, aus diesen Erkenntnissen Konsequenzen für das politische Handeln und die normativen Zielvorstellungen der Gesellschaft zu ziehen und damit den unheilvollen Gang der Dinge noch zu stoppen, bevor die große Katastrophe eintritt.

Die große Katastrophe: Das ist in Solons Zeit das Gespenst der nachhaltigen Schwächung, ja vielleicht sogar der Auflösung des athenischen Staates durch selbstzerfleischende, partikulare Interessen über das Gemeinwohl stellende Bürgerkriegswirren (*staseis*). Nicht die unsterblichen Götter wollen Athen in dieses Verderben stürzen, im Gegenteil: Noch hält Pallas Athene schützend ihre Hand über der Stadt (V. 1–4). Es sind die Bürger selbst, die auf der Jagd nach materiellen Gütern verblendet sind und den Ruin der Stadt betreiben (V. 5/6). Dabei finden vor allem die, denen die Geschicke des Gemeinwesens von alters her in besonderer Weise anvertraut sind, kein Maß: Die Hybris der Adligen erweist sich in rücksichtsloser Gier und persönlicher Bereicherung auf Kosten der Allgemeinheit (V. 7–13).

Die ersten Folgen dieser kurzsichtigen Mentalität, die allein dem individuellen Gewinn des Augenblicks, nicht aber dem künftigen Wohl der Gemeinschaft verpflichtet ist, zeigen sich schon. Gewalt, Bürgerkrieg, drohende Tyrannenherrschaft und vor allem Armut, Elend und Sklaverei: Das ergreifende Bild von den gefesselten, mit gebeugtem Nacken einhergehenden Scharen einst unbescholtener Bürger, die jetzt als Schuldsklaven ins Ausland verkauft werden, schließt die düstere Schilderung der bereits eingetretenen Mißstände ab (V. 18–25).

Das sind die ersten Werke der Dike. Aber es wird noch viel schlimmer kommen. Denn noch hält sich die Göttin der Gerechtigkeit zurück. Ihre Rache indes wird unweigerlich auf die Frevler herabkommen (V. 14–16). Und dann wird die Strafe jeden einzelnen treffen – auch den, der sich hinter verschlossenem Tor oder hoher Mauer in trügerischer Sicherheit wiegt oder die Augen vor dem Unheil verschließt, indem er sich ins tiefste Versteck seines Hauses flüchtet (V. 27–30). Es gibt kein Entrinnen, weil es sich um ein allen gemeinsames Übel handelt, das jeden tangiert und jeden in seine Privatsphäre verfolgt (V. 26): Angesichts der Schwere der Krankheit, die den Staat befallen hat, gibt es keine Grenze zwischen öffentlich und privat mehr; jeder, der zur Polisgemeinschaft gehört, ist mitverantwortlich für das von den Menschen selbst verschuldete Übel und wird gleichsam mit in eine Kollektivhaftung genommen – auch wenn er den Kopf noch so tief in den Sand steckt und hofft, das Verderben werde über seinen geduckten Kopf hinwegtoben und ihn unbehelligt lassen.

Daß sich dieser Prozeß im politisch-sozialen Leben einer Gemeinschaft mit nahezu naturwissenschaftlicher Gesetzmäßigkeit abspielt, ist die entscheidende neue Erkenntnis Solons. Und ebenso der Gedanke, in Dike nicht die dräuende, ebenso unbeeinflußbare wie unnahbare Gottheit zu sehen, sondern sie – im Unterschied zu der mythisch-religiösen Vorstellung Hesiods – als «immanente Gerechtigkeit des Geschehens» (W. Jaeger) zu begreifen. Fehlverhalten der Bürger in der Gegenwart hat negative Rückwirkungen auf das Schicksal der Gemeinschaft wie des einzelnen in der Zukunft, und diese Rückwirkungen lassen sich nüchtern-rational, ohne Rekurs auf eine göttlich-überirdische Instanz, kalkulieren. Wer diese Kausalkette von Ursachen und Wirkungen in ihrem Ensemble betrachtet, der wundert sich nicht mehr, wenn aus der Diagnose «Übel» (*kakón*, V. 26) die Verschlimmerungsprognose «unentrinnbares Unheil» (*hélkos áphykton*, V. 17) erwächst – das ist der schlimme Befund des Sozial-Arztes Solon.

Eine höchst unerfreuliche Erkenntnis, die Solon da auf dem Wege vom Mythos zum Logos gemacht hat! Gleichwohl hat die Entdeckung der Selbstverantwortlichkeit der Bürger für ihre kollektive wie individuelle Gegenwart und Zukunft auch einen ermutigenden Aspekt: Es ist ihnen erlaubt, ihr Schicksal selbst in die Hand zu nehmen, in den Gang der Dinge aktiv einzugreifen und damit den in Gang gesetzten unheilvollen Mechanismus aufzuhalten und sogar in sein Gegenteil zu verkehren. Das Wissen um die sozialimmanenten Wirkungszusammenhänge ermöglicht die notwendige Kurskorrektur, weil es lehrt, daß von Menschen verursachte Fehlentwicklungen für dieselben Menschen beeinflußbar und umkehrbar sind.

Zwar ist das Übel schon weit fortgeschritten, gleichwohl haben die Athener noch die Chance, das Blatt zu wenden. Das prognostizierte «unentrinnbare Unheil» ist noch aufzuhalten, wenn sich Adlige und Volk der Medizin bedienen, die Solon ihnen anbietet: Die von ihm gepriesene Eunomie wird als attraktive Gegenvorstellung zum krankhaften Zustand eines zerrissenen Staatswesens entwickelt (V. 32–39). Der Gedanke des Maßes ist für diese Eunomie-Konzeption ebenso zentral (V. 34) wie die Verpflichtung auf Gesetz und Gemeinwohl (V. 36f.). Die Dinge, die aus dem Lot sind, werden in dieser «guten Ordnung» des «richtigen Zumessens» (*nomos* abgeleitet von *némo*) wieder ins rechte Gefüge gebracht (*artios*, V. 39). Wenn dieses Leitbild, das den an Maß, Einsicht, Verantwortungsgefühl und Rücksichtnahme orientierten Grundkonsens aller Bürger beschwört, akzeptiert und in politische Entscheidungen umgesetzt wird, braucht es einem um das jetzt noch schwer gebeutelte Athen für die Zukunft nicht bange zu sein – das ist der Weg aus der Krise, den Solon seinen

Zeitgenossen aufzeigt; eine Lösung, die er mit optimistischer Emphase an das Ende seines politischen Lehrgedichtes stellt, das er mit einer Vision des selbstverschuldeten Unterganges eingeleitet hat.

Wo bleibt die ökologische Eunomie? – Versuch der Aktualisierung eines Solon-Gedichts

Als Zeitgenossen des ausgehenden 20. Jahrhunderts dämmert es uns allmählich, daß wir in ökologischer Hinsicht an einem ähnlichen Wendepunkt stehen wie die Athener des frühen 6. Jahrhunderts v. Chr. auf politisch-sozialem Gebiet. Niemand wird leugnen, daß bereits Umweltschäden eingetreten sind, die sich mit den von Solon diagnostizierten politischen Schäden vergleichen lassen. Wie weit wir auf eine ähnliche Katastrophe zusteuern, die unsere Zivilisation ins Verderben führt, ist umstritten; aber vieles spricht dafür, die Warnungen ernstzunehmender Wissenschaftler vor einem Kollaps des Öko-Systems nicht in den Wind zu schlagen. Die naive Sicht, man brauche nur an Symptomen zu kurieren, ist jedenfalls nicht mehr haltbar. Wenn wir den Blick nicht auf das Ganze richten, wenn wir den einmal in Gang gesetzten Mechanismus einer eskalierenden Zerstörung der Umwelt nicht wahrhaben wollen, wenn wir die Augen vor den Wirkungszusammenhängen verschließen, dann verharren wir im Zustande eines ökologisch-mythischen Denkens, das wir uns ebensowenig erlauben können, wie sich die Athener seinerzeit das Festhalten an politisch-sozialen Mythen leisten konnten.

Es bedarf, wenn wir dem «unentrinnbaren Übel» noch mit knapper Not entkommen wollen, einer Wendung zum Logos, zur ungeschminkten, nüchternen Bestandsaufnahme einerseits und zu rationalen, von ethischen Normen getragenen Lösungsstrategien andererseits. Was wir brauchen, ist das Leitbild einer ökologischen Eunomie, die durch Maß und Verantwortungsbewußtsein geprägt ist. Wir alle tragen, das ist die aktualisierte Botschaft eines über zweieinhalb Jahrtausende alten Gedichts, die Verantwortung dafür, unsere «Hybris zu zügeln», weil wir ebenso wie die Politen Athens im selben bereits leckgeschlagenen Boot sitzen.

Auf der anderen Seite sollte uns die nicht zuletzt von eindringlicher dichterischer Mahnung unterstützte Tatkraft Solons ermutigen, die Chance zu nutzen, die uns die Einsicht in die Zusammenhänge und in die Möglichkeit zum Eingreifen bietet. Historische Krisenzeiten definieren sich ja keineswegs unter allen Umständen negativ; sie stellen sich vielmehr im eigentlichen Sinne des Wortes als Entscheidungssituationen dar, in denen grundlegende Weichenstellungen für die Zukunft erfolgen. Es kann kein Zweifel bestehen, daß das archaische Athen gestärkt aus der Krise des 6. Jahrhunderts hervorgegangen ist – das für den einzelnen manchmal bittere, für die Gemeinschaft indes notwendige Heilmittel Eunomie, das Solon seiner Bürgerschaft verordnet hat, war schließlich die Grundlage für die Blüte des athenischen Gemeinwesens im 5. Jahrhundert v. Chr. Insofern kann am Ende einer aktualisierten Interpretation der berühmten Eunomie-Elegie auch Hoffnung stehen – wenn wir der (ökologischen) Eunomie den Rang einräumen, den Solon uns empfiehlt. «So führt sie», um es in der freieren Übersetzung des letzten Verses von H. Färber zu sagen, «zur gesunden Vernunft endlich die Menschheit zurück.»

Anmerkungen

1 Pind. frg. 76 Snell
2 Plat. Krit. 111 a–e (Übers. R. Rufener)
3 Plat. Krit. 111 e; 110 e
4 Lukr. V 1370 ff.
5 Strabo XIV 6, 5
6 Hor. epist. II 2, 186
7 Vgl. Plin. NH XVIII 47
8 Colum. II 1, 5–7; vgl. auch § 1
9 Tert. de an. 30, 3 (Übers.: J. H. Waszink)
10 Meiggs, Trees and timber 189 f.
11 Hdt VII 144
12 431 v. Chr.: 300 Trieren, Thuk. II 13, 8
13 Casson, Seefahrer der Antike 157
14 Ps.-Xen. Ath. Pol. 2, 11 f.
15 Thuk. IV 108, 1
16 Xen. Hell. VI 1, 11; vgl. IG I^3 117
17 Casson, Seefahrer der Antike 192
18 Johnson, Ancient forests and navies 209
19 Diod. XIX 58, 2–3
20 Jes. 33, 9
21 Arr. II 18 und 20 (Holz aus dem *Anti*-Libanon)
22 CIL III 180
23 Honigmann, RE XIII 1 (1926), Sp. 9 s. v. «Libanos»
24 Seidensticker, Waldgeschichte des Altertums II 450 f.
25 Plut. Dem. 43
26 Athen. V 206 d–209 e
27 Plin. NH XVI 203
28 Polyb. I 63, 5
29 Liv. XLV 29, 14
30 Homo, Rome impériale 330
31 CIL VI 15258; Bücheler, CLE 1499
32 Cod. Theod. 13, 5, 10
33 DH I 37, 4; Strabo VI 4, 1
34 Sid. Apoll. V 441 ff.
35 Meiggs, Trees and timber 378 ff.

36 Zitate nach Lukr. V 1455 ff.
37 Lukr. V 1289 ff.
38 Tib. I 10, 45 ff. (Übers. R. Helm)
39 Vgl. etwa Hom. Od. XXIV 486
40 Paus. I 8, 2
41 Aristoph. Pax 571 ff.
42 Comic. Att. Fragm. II p. 496 fr. 71 K.
43 Zur Ara Pacis: H. Kähler, Die Ara Pacis und die augusteische Friedensidee, JdAI 69, 1954, 67 ff.; E. Simon, Die Ara Pacis Augustae, Tübingen 1967
44 Philon de conf. 47
45 Diod. XV 63, 1
46 Isokr. XIV 31
47 z. B. SEG 21 (1966) 644, 13 f.; SEG 24 (1969) 151, 17 ff.
48 Diod. II 36, 7; vgl. Arr. Ind. VIII 11, 9
49 Plut. Kleom. 26, 1
50 Plb. XXIII 15, 1–3
51 Polyain III 10, 5
52 Frontin Strateg. IV 3, 13
53 ebenda
54 Umleitung von Flüssen als Kriegslist: Frontin Strateg. III 7
55 Frontin Strateg. IV 7, 13
56 z. B. Xen. Hell. IV 7, 1; V 3, 26; V 4, 56
57 Thuk. II 19, 2; II 55, 1
58 Thuk. III 26, 3 f.
59 Thuk. VII 27 f.
60 Lys. VII 7
61 Hanson, Warfare and agriculture 142 f.
62 Hanson aaO. 145
63 Thuk. III 82, 2 über den Krieg
64 G. Albert, Bellum iustum, Kallmünz 1980; vgl. auch H. Gesche, Rom. Welteroberer und Weltorganisator, München 1981, 75 ff.
65 Liv. XXII 11, 4
66 Liv. XXIII 32, 14 f.
67 Toynbee, Hannibal's legacy II 31
68 Kritik an Toynbees Schlußfolgerungen bei Brunt, Italian manpower 270 ff.
69 Toynbee, Hannibal's legacy II 101
70 Toynbee aaO. II 35
71 App. Pun. 135; b. c. I 24; Macrob. Sat. III 9, 7 ff.
72 Verg. Aen. VI 853; vgl. auch Cic. prov. cons. 31; Vell. Pat. II 115, 4
73 Tac. Agr. 30, 3 f.
74 Sacharja 11, 2; vgl. Jes. 33, 9; 10, 17 ff.

75 Plut. Mar. 21, 3
76 Archil. frg. 6 Diehl
77 Plin. NH XXXIII 3
78 Ov. Met. I 138 ff.; vgl. Ps.-Sen. Oct. 417 f.
79 Hor. c. III 3, 49 ff.
80 Verg. Aen. III 56 f.
81 Macrob. Sat. V 16, 6 f.
82 Tac. Germ. 5, 2
83 Plin. NH XXXIII 1 f. (Übers. R. König – G. Winkler)
84 Plin. NH II 158: *viscera eius extrahimus*
85 Xen. Por. 1, 5; 4, 2 ff.
86 Strabo IX 1, 23
87 A. Philippson, Die griechischen Landschaften I 836
88 Strabo III 2, 8
89 Strabo III 2, 10
90 Diod. V 36, 3 f.
91 A. Schulten, Iberische Landeskunde I 201
92 Strabo V 2, 6; Aristot. Mirab. 93
93 Diod. V 13, 1
94 Strabo V 2, 6
95 Plin. NH III 138
96 De Martino, Wirtschaftsgeschichte des alten Rom 186
97 Healy, Ancient mining 45 ff.; vgl. auch Davies, Roman mines, passim.
98 H. Le Bonniec, Le culte de Cérès à Rome, Paris 1958, 52 ff.
99 Thuk. I 101, 3
100 Hdt VI 47
101 Plin. NH XXXIII 70
102 Plin. NH XXXIII 70–73 (Übers. R. König – G. Winkler)
103 Plin. NH XXXIII 73
104 Plin. NH XXXIII 74 und 76
105 JRS 60, 1970, 169–185
106 Am Beispiel des Sil aufgezeigt, aaO. 173
107 aaO. 174 ff.
108 Vgl. etwa R. F. J. Jones – D. G. Bird, Roman gold-mining in Northwest Spain, II, JRS 62, 1972, 59–74; P. R. Lewis – G. D. B. Jones, Doloucothi gold mines I, Anc. Journ. XLIX (1970), 244 ff.
109 Strabo III 2, 9
110 Strabo III 2, 8
111 Forbes, Ancient technology VII, 161
112 Vgl. z. B. Liv. XLV 18
113 Orth, RE Suppl. IV (1924) 152 f. s. v. «Bergbau»
114 Plin. NH II 158

115 Sil. Ital. I 231 ff.
116 Aristoph. Av. 1106
117 Xen. Por. IV 14
118 Plut. Synkr. Nik. / Crass. 1
119 Lauffer, Bergwerkssklaven 33
120 z. B. Athen. VI 272 e
121 Diod. III 12 f.
122 Diod. V 38, 1
123 Lukr. VI 811 ff.
124 Vgl. auch Strabo XII 3, 40
125 Stat. Theb. VI 880 ff.
126 Cypr. ep. 76
127 Plin. NH XXXIII 4
128 Juv. Sat. III bes. 1 ff.; 190 ff.
129 G. Highet, Juvenal the Satirist, Oxford 1954, 65
130 Juv. Sat. III 12 ff.; 60 ff.; 119 ff.
131 Juv. Sat. III 141; 181 ff.
132 Juv. Sat. III 212 ff.; 235; 239 ff.
133 Tert. de an. 30, 3
134 Sen. de clem. I 6
135 Hor. epist. II 2, 70 ff.
136 Mart. VII 61
137 Tac. Ann. XII 43, 1
138 CIL VI 29436 = Bücheler CLE 1159
139 Mommsen, Chron. min. I 145; Suet. Cal. 26, 4
140 Sen. de ira III 35, 5
141 Sen. de ira III 35, 3
142 Mart. XII 57; auch für das Folgende
143 Mart. I 41, 6 ff.
144 Mart. XIV 223; XII 57, 5
145 Mart. IX 68; XII 57, 5 (*negant vitam*)
146 Stat. Silv. I 6, 70 ff.; Mart. XII 57, 7 ff.
147 Mart. I 41, 7
148 *strepitus Romae:* Hor. c. III 29, 12
149 Sen. ep. mor. 56, 1–2; Übers. nach E. Glaser-Gerhard
150 CIL I 593, Z. 56 ff.
151 Juv. Sat. III 236 f.
152 Hor. epist. I 17, 7 in Verbindung mit epist. II 2, 79
153 Mart. IV 64, 20
154 Juv. Sat. VI 309 ff.
155 Petr. Sat. 78, 5 ff.
156 Petr. Sat. 79, 1–7
157 Das Paraklausithyron-Motiv z. B. bei Ov. am. I 6. V. 55 steht nicht

im Gegensatz zum nächtlichen Lärm; es handelt sich um einen Mitleid-Topos, mit dem der Liebende die Tür zu «erweichen» versucht.
158 Prop. IV 8, 55 ff.
159 So Rothstein, Properz-Kommentar II 318 ad loc.
160 Hor. epist. II 2, 65 ff.
161 Mart. XII 18, 13 f.; Hor. Sat. II 6, 60 f.
162 Plin. ep. V 6, 45
163 Mart. XII 57, 27 f.
164 Mart. IV 64, 19 f.; vgl. auch VII 17, 1 f.
165 Plin. ep. III 21, 5
166 Plin. ep. II 17, 2 (Übers.: H. Kasten)
167 Juv. Sat. III 232 ff.
168 Mart. XII 57, 4
169 Mart. XII 57, 3 f.; Juv. Sat. III 235
170 Brunt, Italian manpower 367–388; De Martino, Wirtschaftsgeschichte des alten Rom, 200 ff. mit Literaturangaben S. 601
171 So schon mit guten Gründen U. Kahrstedt in Friedländer, Sittengeschichte IV, 20
172 Plin. ep. III 12, 2; vgl. Stat. Silv. IV 9, 48; Plut. Cic. 8
173 Diod. XXXI 18, 2
174 Plut. Crass. 2, 4; Synkr. Nik. / Crass. 1
175 Yavetz, Lebensbedingungen der plebs urbana 115
176 Mart. III 38, 6; Juv. Sat. III 162 ff.; vgl. auch Diod. XXXI 27
177 Juv. Sat. III 223 ff.
178 Suet. Caes. 38, 2
179 Mart. X 96; Juv. III 183 f.
180 Mart. XII 32
181 Cic. Flacc. 22
182 Cic. Mil. 40; Hor. epist. II 2, 15
183 Mart. VIII 14, 5 f.
184 Juv. Sat. III 273 ff.
185 Dig. IX 3
186 CIL VI 29791
187 Carcopino, Rom 75
188 Juv. Sat. III 199 ff.; Suet. gramm. 9, 1
189 Sokr. Hist. eccl. V 18 (= Migne PG 67, 612)
190 Mart. X 5, 6 ff.
191 Plut. Crass. 2; Sen. Cons. ad Marc. 22, 3; Strabo V 3, 7
192 Cat. c. 23, 9
193 Sen. rhet. contr. 2, 1, 11
194 Plin. NH XXXVI 171; Vitr. II 8, 1
195 Juv. III 194 ff. in Verbindung mit Sen. de ira III 35, 5
196 Vitr. I 3, 2

197 Cic. ad Att. XIV 9, 1
198 Strabo V 3, 7
199 Mart. VII 20, 20 vgl. auch Plin. NH III 67; Gell. N. A. XV 1, 2
200 Vitr. II 8, 17
201 Juv. III 193 f.
202 Vitr. II 8, 20
203 z. B. Liv. XXX 26, 5; XXVI 27, 1–3
204 Cass. Dio 55, 26, 4 f.; Suet. Aug. 30, 1; Dig. I 15
205 Übersicht bei Homo, Rome impériale 233 und Friedländer, Sittengeschichte 24 f.
206 Sen. contr. II 1, 12
207 Juv. III 197 f.
208 Tac. Ann. XV 43, 4
209 Tac. Ann. XV 38, 3 ff.
210 Tac. Ann. XV 40, 2
211 Tac. Ann. XV 43
212 Suet. Tit. 8, 3
213 Mart. V 7
214 Cass. Dio 73, 24, 1
215 Tac. Ann. XV 43, 2; Mart. III 52; Juv. Sat. III 215 ff.
216 Sen. ep. mor. 104, 6
217 Hor. c. III 29, 12
218 Frontin de aqu. 88
219 Mart. X 12, 7; 11 f.
220 Frontin de aqu. 78
221 Werner, Wasserreichste Stadt 38
222 Juv. VI 332 f.
223 Plin. NH XXXVI 123
224 Frontin de aqu. 88, 1–3
225 Mumford, Die Stadt 252 ff.
226 Landels, Technik der antiken Welt 63
227 Tac. Ann. XVI 13, 2
228 Suet. Nero 39, 1
229 Hist. Aug. Marc. Aur. 13, 3
230 Amm. Marc. XIV 6, 23
231 Liv. I 56, 2
232 DH III 67, 5
233 Frontin de aqu. 111; Plin. NH XXXVI 105
234 Hor. c. III 12, 9 f.
235 Plin. NH XXXVI 105
236 Hist. Aug. Elag. 17, 1 f.
237 F. Drexel bei Friedländer, Sittengeschichte IV 310
238 s. S. 109

239 Homo, Rome impériale 261 f.
240 Suet. Vesp. 23, 3
241 Mart. XI 77
242 A. R. Burn, Hic breve vivitur, Past and Present 4, 1953, 2–31; vgl. dagegen J. G. Szilágyi, Beiträge zur Statistik der Sterblichkeit..., Acta Arch. Acad. Scient. Hung. 13, 1961, 125 ff.
243 J. Harper, AJPh 93, 1972, 341 ff.
244 Hor. Sat. I 1,9 ff.
245 Classen, Die Stadt im Spiegel der Descriptiones 12
246 Classen aaO. 27 f.
247 Varro r.r. III 1, 4
248 Herodian I 15, 5 f.
249 Mart. lib. spect. 28; vgl. 15
250 Hist. Aug. Aurel. 37, 2; Cass. Dio 60, 13, 4
251 Paneg. Lat. IX 23, 3
252 z. B. Amm. Marc. XXIX 3, 9
253 Liban. ep. 1399, 2 f.
254 Liv. XXXIX 22, 2
255 Liv. XLIV 18, 8
256 Sen. de brev. vit. 13, 6; Plin. NH VIII 53
257 Plin. NH VIII 64; 96
258 Plin. NH VIII 53; 64; 70 f.
259 Cass. Dio 39, 38, 1 f.
260 Cic. fam. VII 1, 3; vgl. Plin. NH VIII 21
261 Cass. Dio 39, 38, 2
262 Plin. NH VIII 182
263 Cic. fam. VII 1, 3
264 Mon. Anc. 22
265 Cass. Dio 54, 26, 1; 55, 10, 7 f.; 56, 27, 4 f.
266 Toynbee, Animals in Roman life 22
267 Cass. Dio 66, 25, 1
268 Cass. Dio 68, 15
269 Hist. Aug. Tres Gord. 3, 6 f.
270 Hist. Aug. Prob. 19, 4 ff.
271 Hist. Aug. Ant. Pius 10, 8
272 Claud. de cons. Stil. III 262 ff.
273 Claud. de cons. Stil. III 317 ff.
274 Claud. de cons. Stil. III 343 ff.
275 Plin. NH VIII 64
276 Strabo II 5, 33
277 AP VII 626 (Übers. H. Beckby)
278 Amm. Marc. XXII 15, 24
279 Themist. or. X 140 a

280 Friedländer, Sittengeschichte II 82
281 Dessau ILS 5062; 5063a
282 Cod. Theod. XV 11, 2
283 Vgl. Symm. ep. IX 117
284 Plin. ep. VI 34, 3
285 Apul. Met. IV 13, 6f.; 14, 1–3 (Übers. E. Brandt)
286 Stat. Silv. II 2
287 Stat. Silv. II 2, 52ff.
288 Stat. Silv. II 2, 52–62
289 Suet. Aug. 28, 3
290 Gute Übersicht mit ausführlichen Belegen und Literaturangaben bei D. Kienast, Augustus. Prinzeps und Monarch, Darmstadt 1982, 336ff.
291 Sall. Cat. 13, 1f.
292 Sall. Cat. 20, 11
293 Ps.-Cic. Inv. in Sall. 7, 19
294 Hor. c. II 15, 1–8 (Übers. H. Färber)
295 Hor. c. III 24, 3f.; epist. I 1, 84
296 Hor. c. III 1, 33ff.
297 Sen. ep. mor. 122, 8
298 Sen. ep. mor. 89, 21 (Übers. E. Glaser-Gerhard)
299 Tac. Ann. I 76, 1; Cass. Dio 57, 14, 7
300 Eine Liste bei Le Gall, Le Tibre 29 sowie H. Philipp, RE VI A (1936) 801 s. v. «Tiberis»
301 Cic. ad Quint. fr. III 5, 8
302 Plin. NH III 55
303 Cass. Dio 39, 61, 1f.
304 Beda Chron. 589 zum Jahre 379 n. Chr.
305 Serv. ad Verg. Aen. VIII 63
306 Plin. NH III 54
307 Zusammenfassend dazu: J. Le Gall, Recherches sur le culte du Tibre, Paris 1953
308 Verg. Aen. VIII 62ff.
309 Verg. Aen. VIII 72ff. (Übers. J. Spitzenberger)
310 Tac. Ann. I 76, 1
311 Tac. Ann. I 79
312 Le Gall, Le Tibre 121ff.
313 Le Gall aaO. 31f. mit Belegen
314 Tac. Ann. I 79, 1–4
315 Tac. Ann. I 79, 4 (Übers. E. Heller)
316 Cass. Dio 57, 14, 8; Suet. Aug. 37, schreibt die Einrichtung dieser *cura* wohl irrtümlich schon Augustus zu.
317 Ausführlich Le Gall, Le Tibre 135ff.

318 U. Kahrstedt, Kulturgeschichte der römischen Kaiserzeit, Bern ²1958, 79 und 338
319 Plin. NH XIV 130
320 Plin. NH XIV 68
321 Colum. XII 19, 2
322 z. B. Dioscur. 5, 9 ff.
323 Mart. X 36; vgl. auch VI 78
324 Plin. NH XIV 80; Colum. XII 21, 1 nennt *defrutum* den auf ein Drittel eingekochten Most
325 Colum. XII 20, 1; vgl. auch Kap. 19 passim
326 Dioskur. 5, 9
327 Lukr. VI 811 ff.
328 Vitr. VIII 3, 5
329 Plin. NH XXXIV 167
330 Strabo III 2, 8
331 Plin. NH XXXIV 176
332 Plin. NH XXXIV 167 (es liegt eine Verwechslung mit Quecksilber vor); vgl. auch Dioskur. 5, 9
333 Vitr. III 6, 10 f. (Übers. C. Fensterbusch)
334 Plin. NH XXXIV 165
335 Plin. NH XXXIV 160
336 Bonnin, L'eau dans l'Antiquité 158
337 Nriagu, Lead and lead poisoning 204 f.
338 Nriagu aaO. 205
339 Ov. med. fac. 73
340 Plin. NH XXXIV 166
341 Landels, Technik in der antiken Welt 52 f.
342 Nriagu, Lead and lead poisoning 321 ff.
343 Paus. IV 35, 12
344 Vitr. VIII 6, 11
345 So jedoch Forbes, Ancient technology VIII, 245
346 Sen. ep. mor. 95, 16 ff. (Übers. E. Glaser-Gerhard)
347 Luk. Tragopod. 18 ff. (Übers. Chr. M. Wieland)
348 Die Zuweisung des Dramoletts an Lukian ist allerdings umstritten.
349 AP XI 403
350 Nriagu, Lead and lead poisoning 395
351 G. V. Ball, Bull. Hist. Med. 45, 1971, 401 ff.
352 Nriagu, Lead and lead poisoning 395
353 Nriagu aaO. 400 f.
354 G. A. Drasch, Sci. Total Environ. 24, 1982, 199–231
355 Nriagu, Lead and lead poisoning 415

Auswahlbibliographie

J. Adamietz, Untersuchungen zu Juvenal, Wiesbaden 1972
F. Adcock, Roman art of war, Cambridge 1940
S. Albert, Bellum iustum, Kallmünz 1980
J. K. Anderson, Military theory and practice in the age of Xenophon, Berkeley / Los Angeles 1970
J. K. Anderson, Hunting in the ancient world, Berkeley / Los Angeles 1985
E. Ardaillon, Les mines du Laurion dans l'Antiquité, Paris 1897
R. Auguet, Cruauté et civilisation : Les jeux Romains, Paris 1970
J. Aymard, Essai sur les chasses romaines, Paris 1951
J. P. V. D. Balsdon, Life and leisure in ancient Rome, London ²1974
C. Baracconi, Spettacoli nell'antica Roma, Rom 1972
K. J. Beloch, Die Bevölkerung der griechisch-römischen Welt, Leipzig 1886, ND Rom 1968
A. Biese, Die Entwicklung des Naturgefühls bei den Griechen und Römern, 2 Bände, Kiel 1882 / 4
B. Bonacelli, La natura e gli Etruschi, StE 2, 1928, 427 ff.
J. Bonnin, L'eau dans l'Antiquité, Paris 1984
J. B. C. Boulaka, Lead in the Roman world, AJA 76, 1972, 139 ff.
H. Braunert, Großstadt und Großstadtprobleme im Altertum, in : H. B., Politik, Recht und Gesellschaft in der griechisch-römischen Antike, hg. von K. Telschow-M. Zahrnt, Kiel 1980
E. Brödner, Wohnen in der Antike, Darmstadt 1989
D. u. P. Brothwell, Food in Antiquity, London 1969
P. A. Brunt, Italian manpower 225 B. C. – A. D. 14, Oxford ²1987
A. R. Burn, Hic breve vivitur, Past and Present 4, 1953, 2 ff.
K. W. Butzer, Environment and archaeology, Chicago 1964
J. Carcopino, Rom. Leben und Kultur in der Kaiserzeit, Stuttgart ²1979
M. Cary, The geographic background of Greek and Roman history, Oxford 1949
L. Casson, Reisen in der Alten Welt, München 1976
L. Casson, Die Seefahrer der Antike, München 1979
J. G. D. Clark, Water in Antiquity, Antiqu. 18, 1944, 1 ff.
C. J. Classen, Die Stadt im Spiegel der Descriptiones und Laudes urbium, Hildesheim / New York 1980
O. Davies, Roman mines in Europe, Oxford 1935
H.-J. Diesner, Kriege des Altertums, Berlin / Ost 1974

R. Fairclough, Love of nature among the Greeks and Romans, New York 1930

P. Fedeli, Il rapporto dell'uomo con la natura e l'ambiente – l'Antichità vi ha visto un problema?, AU XXXII, H. 3 (1989), 32 ff.

J. Ferguson, Utopias of the classical world, London 1975

I. Fetscher, Lebenssinn und Ehrfurcht vor der Natur in der Antike, Gymnasium-Beih. 9, Heidelberg 1988, 32 ff.

R. J. Forbes, Studies in ancient technology VII und VIII, Leiden 1963/1971

P. Friedländer, Darstellungen aus der Sittengeschichte Roms, 4 Bände, Leipzig [10]1921/22

H. Fuchs, Augustin und der antike Friedensgedanke, Berlin 1926

H. Fuchs, Der geistige Widerstand gegen Rom in der antiken Welt, Berlin [2]1964

Y. Garlan, War in the ancient world, London 1975

B. Gatz, Weltalter, goldene Zeit und verwandte Vorstellungen, Hildesheim 1967

H. Gesche, Rom. Welteroberer und Weltorganisator, München 1981

S. C. Gilfillan, Roman culture and dysgenic lead poisoning, Mankind Quarterly 5, 1963, 3 ff.

R. Günther-R. Müller, Das Goldene Zeitalter. Utopien der hellenistisch-römischen Antike, Leipzig 1988

S. Gsell, Histoire ancienne de l'Afrique du Nord, I, Paris 1920

V. D. Hanson, Warfare and agriculture in classical Greece, Pisa 1983

W. S. Hanson, The organization of Roman military timber supply, Britannica 9, 1978, 293 ff.

G. D. Hart, Disease in ancient man, Toronto 1983

J. Healy, Mining and metallurgy in the Greek and Roman world, London 1978

G. Hermansen, Ostia. Aspects of Roman city life, Edmonton 1981

A. T. Hodge, Vitruvius, lead pipes and lead poisoning, AJA 85, 1981, 486 ff.

K. B. Hofmann, Das Blei bei den Völkern des Altertums, Berlin 1885

L. Homo, Rome impériale et l'urbanisme dans l'Antiquité, Paris [2]1971

R. J. Hopper, Mines and miners of ancient Athens, Greece and Rome 2. Ser. 8, 1961, 138 ff.

R. J. Hopper, Handel und Industrie im klassischen Griechenland, München 1982

J. D. Hughes, Ecology in ancient civilizations, Albuquerque 1975

W. Jaeger, Solons Eunomie, Sitz.-Ber. Preuß. Akad. d. Wiss., Berlin 1926, 69 ff. (= Scripta minora, Rom 1960, 315 ff.)

G. Jennison, Animals for show and pleasure in ancient Rome, London 1937

A. C. Johnson, Ancient forests and navies, TAPA 58, 1927, 199 ff.

R. F. J. Jones – D. G. Bird, Roman gold-mining in Northwest Spain, II, JRS 62, 1972, 59 ff.

H. Jordan, Topographie der Stadt Rom im Alterthum, 2 Bände, Berlin 1871
U. Kahrstedt, Kulturgeschichte der römischen Kaiserzeit, Bern ²1958
A. Kobert, Chronische Bleivergiftung im klassischen Altertum, in: P. Diergart, Beiträge aus der Geschichte der Chemie, Leipzig 1909
R. König – G. Winkler (Hg.), C. Plinius Secundus, Naturkunde, München 1973 ff.
F. Kolb, Die Stadt im Altertum, München 1984
J. Kromayer – G. Veith, Heerwesen und Kriegführung der Griechen und Römer, München 1928
K. Lahner, Mensch und Natur – ein Unterrichtsmodell, AU XXXII, H. 3 (1989), 43 ff.
J. G. Landels, Die Technik in der antiken Welt, München 1979
S. Lauffer, Die Bergbausklaven von Laureion, Wiesbaden ²1979
J. Le Gall, Le Tibre. Fleuve de Rome dans l'Antiquité, Paris 1953
J. Le Gall, Recherches sur le culte du Tibre, Paris 1953
P. R. Lewis – G. D. B. Jones, Roman gold-mining in Northwest Spain, JRS 60, 1970, 169 ff.
T. Lorenz, Römische Städte, Darmstadt 1987
F. De Martino, Wirtschaftsgeschichte des alten Rom, München 1985
Chr. Meier, Die Entstehung des Begriffs Demokratie, Frankfurt 1970, 7 ff.
Chr. Meier, Die Entstehung des Politischen bei den Griechen, Frankfurt 1983, 222 ff.
R. Meiggs, Trees and timber in the ancient Mediterranean world, Oxford 1982
M. Miller, Das Jagdwesen der alten Griechen und Römer, München 1883
R. W. Müller – L. Hieber (Hg.), Die Gegenwart der Antike. Zur Kritik bürgerlicher Auffassungen von Natur und Gesellschaft, Frankfurt / New York 1982
C. Mumford, Die Stadt, München 1961
W. Nestle, Der Friedensgedanke in der antiken Welt, Leipzig 1938
H. Nissen, Italische Landeskunde, 2 Bände, Berlin 1883 / 1902
J. O. Nriagu, Lead and lead poisoning in Antiquity, New York 1983
J. E. Packer, Housing and population in Imperial Ostia and Rome, JRS 57, 1967, 80 ff.
H. M. D. Parker, The Roman legions, Oxford ²1958
A. Philippson, Die griechischen Landschaften. Eine Landeskunde, I, Frankfurt 1950
R. Pöhlmann, Die Überbevölkerung der antiken Großstädte, Leipzig 1884
W. K. Pritchett, The Greek state at war, 2 Bände, Berkeley / Los Angeles 1974
Projektgruppe Plinius, «Blei und Zinn», Tübingen 1989
B. M. Rebrik, Geologie und Bergbau in der Antike, Leipzig 1987
M. Rostovtzeff, Gesellschafts- und Wirtschaftsgeschichte der hellenistischen Welt, 3 Bände, Darmstadt 1955 / 56

P. Rosumek, Technischer Fortschritt und Rationalisierung im antiken Bergbau, Diss. Bonn 1982
J. Scarborough, Roman medicine, London 1969
E. Schrödinger, Die Natur und die Griechen, Hamburg/Wien 1955
A. Schulten, Iberische Landeskunde, Geographie des antiken Spanien, I, Straßburg 1955
A. Scobie, Slums, sanitation and mortality in the Roman world, Klio 48, 1986, 399 ff.
A. Seidensticker, Waldgeschichte des Altertums, 2 Bände, Frankfurt 1886, ND Amsterdam 1966
C. Seltman, Wine in the ancient world, London 1957
J. E. Stambaugh, The ancient Roman city, Baltimore/London 1988
K. Täckholm, Studien über den Bergbau der römischen Kaiserzeit, Upsala 1937
J. V. Thirgood, Man and the Mediterranean forest, New York 1981
A. Tovar – J. M. Blázquez, Forschungsbericht zur Geschichte des römischen Hispanien, ANRW II 3, 1975, 428 ff.
A. J. Toynbee, Hannibal's legacy. The Hannibalic War's effects on Roman life, 2 Bände, Oxford 1965
J. M. C. Toynbee, Tierwelt der Antike. Bestiarium Romanum, Mainz 1983
J. M. C. Toynbee, Animals in Roman life and art, London 1973
G. Tsoumis, The forests of Greece and Cyprus, Thessaloniki 1976
C. W. Weber, Sklaverei im Altertum, Düsseldorf 1981
C. W. Weber, Panem et circenses. Massenunterhaltung als Politik im antiken Rom, Düsseldorf 1983
D. Werner, Rom, die wasserreichste Stadt des Altertums, Altertum 32, 1986, 36 ff.
D. S. White, The attitude of the Romans toward peace and war, ClJ 31, 1936, 465 ff.
K. D. White, Greek and Roman technology, London 1984
H. Wilsdorf, Bergleute und Hüttenmänner im Altertum, Berlin-Ost 1952
R. K. Winter, The forest and man, New York 1974
A. Woods, Mining, in: J. Wacher (Hg.), The Roman world, II, London/New York 1987
Z. Yavetz, Die Lebensbedingungen der «plebs urbana» im republikanischen Rom, in: H. Schneider (Hg.), Zur Sozial- und Wirtschaftsgeschichte der späten römischen Republik, Darmstadt 1976, 98 ff.
C. A. Yeo, The overgrazing of ranch lands in ancient Italy, TAPA 79, 1948, 275 ff.

Register

Lesen, was zu lesen lohnt: Kulturgeschichte

Die Abenteuer des Odysseus
Neu gezeichnet und erzählt von F. Bünzli. 96 S., durchgehend vierfarbig. Broschur

Gerhard Fink
Quisquiz
Steckbriefe aus der alten Welt. 168 S., mit vielen Abbildungen. Gebunden

Fritz Graf
Griechische Mythologie
Eine Einführung. 198 S., mit 10 Abbildungen. Gebunden

Der Physiologus
Tiere und ihre Symbolik. Übertragen, erläutert und mit einem Nachwort von O. Seel. 128 S., mit 55 Tierdarstellungen aus dem 16. Jahrhundert. Gebunden

Sokrates antwortet
Antike Lebensweisheiten. Deutsch von A. Demandt. 168 S., mit 14 Titelvignetten. Gebunden

Spötter, Götter und Verrückte
Anekdoten und andere Geschichten aus der Alten Welt. Gesammelt, übersetzt und eingeleitet von G. Fink. Mit Anmerkungen, Quellenübersicht, Kurzbiographien und Register. 272 S. Gebunden

Bernhard Zimmermann
Die griechische Tragödie
Eine Einführung. 150 S., mit einer Illustration. Gebunden

German Hafner
Bildlexikon antiker Personen
400 S., mit 400 Abbildungen. Leinen

Karl-Wilhelm Weeber
– Die unheiligen Spiele
Das antike Olympia zwischen Legende und Wirklichkeit. 220 S., mit 18 Abbildungen. Leinen
– Smog über Attika
Umweltverhalten im Altertum. 224 S. Leinen

Christoph Daxelmüller
Zauberpraktiken
Eine Ideengeschichte der Magie. 320 S., mit zahlreichen Abbildungen. Leinen

Magdalena Maczynska
Die Völkerwanderung
Geschichte einer ruhelosen Epoche der Spätantike. 320 S., mit 40 Abbildungen und zahlreichen Karten. Gebunden

Hans-Jürg Braun
Elemente des Religiösen
Aufbau und Zerfall seiner Erscheinungsformen. 160 S. Leinen

Artemis & Winkler